建築・交通・まちづくりをつなぐ

共生のユニバーサルデザイン

三星昭宏・髙橋儀平・磯部友彦 著

ほっきょくぐま館
入口

学芸出版社

本書のねらいと学習到達目標

本書のねらいと特色は以下のとおりである。
1) 建築、交通、まちづくりで必要となる、ユニバーサルデザイン（以降、UD）の考え方を説くわが国はじめての本格的入門テキストである。
   - 写真・図版・イラストを多用してわかりやすさを、また計画の仕事に就く技術者や現場のエピソードを加えることで親しみやすい内容を目指している。
   - 土木・建築・まちづくりの各分野を同時かつ横断的に取りまとめている。
   - 交通工学・建築学・地域計画・都市計画・地域マネジメント等の授業の一部に、バリアフリー（以降、BF）・UD を取り入れる際、参考書となりうるものをめざしている。
   - 全体の構成はおおむね3つのパートからなり、前半を概論、後半を必要な技術知識の涵養、最後に継続的改善および防災問題を取り上げ、全般を通じて実例を重視し解説している。
   - 公共施設・建築物・交通サービスにおける、人間工学・生理学にもとづいた計画・設計手法、行政システムを学ぶとともに、技術者倫理を含む UD の実践に必要な総合力を解説している。
2) 工学系だけでなく文系学部でも必要とされる「福祉のまちづくり」の知識を学ぶ。その意味で単なる工学書ではなく福祉的観点や知識を重視している。
3) 机上の座学型学習のテキストとしてだけでなく、創生型、問題発見型、体験型学習の手引きとして、まちづくりのファシリテーター、コーディネーターの育成に活かすことができる。

本書による学習到達目標は以下のとおりである。
1) 福祉のまちづくり、BF、UD が狭い専門領域の個別知識ではなく、倫理性をもった社会づくり、人びとの生活の中で幅広く必要とされる領域であることを理解する。
2) 具体的な「まち」を見た時、福祉のまちづくり、BF、UD の観点から問題意識・問題発見・課題設定、さらに解決法が考察できるようになる。
3) 以上により表現される計画・設計は広範囲の分野にまたがるが、それを企画し、コーディネートし、実現するプロセスを身につける。
4) 文系・理系といった専門にとらわれない幅広い知識を学ぶ態度を身につける。
5) 本書を片手に「まち」を検証して歩くことにより、BF・UD による福祉のまちづくりワークショップのコーディネーター、ファシリテーターのスキルを身につける。

もくじ

本書のねらいと学習到達目標　2

1章　考え方とあゆみ ― 福祉のまちづくりとバリアフリー、ユニバーサルデザイン ―　6
　1　考え方　6
　2　あゆみ　12

2章　法律の仕組み ― 1970年代以降の条例・法の発展 ―　19
　1　福祉のまちづくり条例　19
　2　バリアフリー法　21

3章　交通施設 ― 施設・システム・サービスの整備 ―　28
　1　福祉のまちづくりにおける交通施設の位置づけ　28
　2　ターミナルの整備　29
　3　車両等のBF化　33
　4　旅客交通施設と車両等の基準における課題と今後の展望　39
　5　障害者対応自家用車　40

4章　道路の整備 ― 歩行者の安全・快適・利便性を見直す ―　43
　1　道路のBFの考え方　43
　2　歩行者道路ネットワークの計画　44
　3　道路の要素とBF基準　46
　4　歩道の幾何構造　47
　5　横断部における段差の解消　54
　6　視覚障害者誘導・警告ブロック　55
　7　休憩施設　56
　8　駅前広場・地下街　56
　9　信号機　58
　10　歩行者ITS　59

5章 地域交通・生活交通 ― 持続可能なサービスをめざして ―　60

- ① 公共交通の衰退と高齢者・障害者のモビリティ問題　60
- ② 地域の公共交通　61
- ③ 公共交通活性化方策　62
- ④ 福祉有償運送サービス　63
- ⑤ 一般タクシー・福祉タクシー・子育てタクシー　64

6章 公共的な建築物の整備 ― 技術的基準と実践方法 ―　66

- ① 建築物の主なバリアフリー基準と標準的な解決手法　66
- ② 建築物整備がめざすUD　70
- ③ 建築物におけるUD整備事例　71

7章 住宅政策と住宅 ― 個々のニーズに応える環境づくり ―　75

- ① 高齢者、障害者等の住まいの問題と課題　75
- ② 高齢者、障害者向け公的住宅の種類　77
- ③ 住宅改修　78
- ④ これからの住宅のBFをどう進めるか　80

8章 公園・観光施設 ― 生活と余暇、健康を守る環境づくり ―　82

- ① 公園の役割とBF、UD　82
- ② 公園の種類　82
- ③ 公園のバリアフリー法制度　82
- ④ BF化された市街地の公園事例　85
- ⑤ 観光施設とBF、UD　86
- ⑥ 観光地のBF、UD事例　87
- ⑦ 災害と公園　90

9章 一体的・連続的なまちづくり ― 全国の取組み ―　91

- ① 一体的・連続的・ユニバーサルなまちづくりの必要性　91
- ② 一体的・連続的整備の事例　93

10章　参加型福祉のまちづくり　―継続的な取組みのために―　105

1. 福祉のまちづくり施策における市民参加　　105
2. BF施策実施による影響を受ける関係者　　106
3. 市民参加の進め方　　108
4. 継続的改善（交通BFを事例に）　　110

11章　地域社会と福祉のまちづくり　―多様な人びととの多様な進め方―　112

1. 地域で支える福祉　　112
2. BFのソフト施策　　114
3. BFを学ぶ　　116

12章　災害時に備える　―過去の経験から学ぶ減災への課題―　120

1. 災害と「弱者」　　120
2. 阪神・淡路大震災、東日本大震災で見る高齢者・障害者等の被災　　121

執筆者座談会"ユニバーサルデザインの課題は、現代日本の基本課題そのもの"　131
編集後記（読者へのメッセージ）　135
索引　136

1章
考え方とあゆみ
―福祉のまちづくりとバリアフリー、ユニバーサルデザイン―

POINT 1節ではバリアフリー(以降、BF)、ユニバーサルデザイン(以降、UD)、福祉のまちづくりの意味と関係を理解する。それらはすべての人が等しく社会参加できるノーマライゼーション思想に立脚している。それらの概念の相互の関係性を捉え、多分野にまたがる連携的・統合的分野であることを理解する。
2節では日本でのあゆみをふり返る。福祉のまちづくりは70年代初頭に始まったが、その背景はどこにあったのか、どのようにして日本のBF、UDが推進されてきたか、その沿革について理解する。また、今日の少子高齢社会の中で、今後どのように展開すべきかについて、福祉のまちづくり、BF、UDのあゆみから捉える。並行して、わが国のモデルとなった主な欧米の動きを理解する。

1 考え方

1 福祉のまちづくりとBF、UD

「福祉のまちづくり」は、高齢者、障害者、病人、妊産婦等身体に障害があっても、健常者(障害がないとされる人びと)と同じように等しく生活を送り、社会参加できる(ノーマライゼーション)ように「まち」をつくることである。したがって、その概念は「まちづくり」すべての分野にわたっている。福祉のまちづくりは、狭義には物理的な施設や空間のバリアをなくすこと(バリアフリー)とされるが、広義にはそれにとどまらずすべての人が自己の能力を全面的に開花させ、社会に参加できる仕組みをハード・ソフト両面にわたって構築することをいう(ユニバーサル社会づくり・インクルーシブ社会づくり(Columm参照))。その中には人びとの心の問題として、障害のある人を支援し、多様な人びとと共存する考えを広めることも含まれる。このようにBFを基礎としてすべての人を対象として多面的な福祉のまちづくりを進める時のデザイン思想を「UD」と理解してよい。

ここで「デザイン」の語彙についてのべておく。狭義にはものの形・色等を描くことをいい、これが一般に普及している意味であるが、英語でいう「デザイン」にはものの形・色だけでなく、何かの目標に向かう概念、仕組み、ソフト等を創造していくことも広く含まれる。本書ではUDの用語について必要に応じて狭義・広義を使いわける。

福祉のまちづくり、BF、UDは根本において同じところに根ざしながら、切り口、場面の違いによる用語として理解することが大事であり、本書ではこの三つの言葉の違いをあえてあまり強調しないことにする。この分野では用語が沢山出てきてまず面食らうであろうが、読者も最初の段階では意味の違いにこだわる必要はない。

一般に障害者には物理的障壁、制度的障壁、情報

> **Column ♣ 障壁を多面的に理解しよう**
>
> 伝統的に障害者には本文にあげた4つの障壁(バリア)があると言われるが、現実にはこれに加えて「経済的障壁」も大きい。経済的障壁は健常者でも同じとされるが、一般に障害者は健常者にくらべて就労の機会が制限され、収入面で厳しいことが多い。情報的障害は一般には視覚・聴覚情報面での障壁を指すが、現代の情報社会では情報取得のスキル(技術・技能)がないための不利益・格差も大きくなってきている。身体的理由、年齢的理由、知覚的理由でパソコンやネットが使えないことも大きな障壁である。障害がゆえに高等教育を受けにくく、結果として就労の機会が奪われることが現代の高度技術社会では障壁となることも多い。
>
> 心の障壁については一般に人々がもつ差別感を意味することが多く、福祉のまちづくりではその除去を目指している。さらに現代社会では「移動性(モビリティ)」が重要になってきている。バリアにより移動できないことの不利益はかつてなく大きくなっていることを理解しておきたい。

的障壁、心の障壁の4つのバリア（障壁）があるとされる。これらの障壁を取り除くことがBFの基本となる。さらにそれを発展させ、積極的に多様なすべての人びとが能力を開花させて、住みやすいまちと社会を創造することが重要である。これは障害者・高齢者だけでなくすべての健常者の利益と共通する課題となる。

ところで「障害者」は福祉分野の行政用語であり、福祉のまちづくりの対象者としての「障害者」とは必ずしも一致しない。「高齢者」も行政用語としては65歳以上の人を指すが、実際は元気な高齢者もいれば、65歳未満でも体力の落ちた人も多くいる。まちづくり分野では「移動を含む生活行動において障害がある人」が対象であり、福祉分野では軽度の障害とされる人でも、福祉のまちづくり分野では重要な対象者となることもある。福祉のまちづくり対象者の中心的位置を占めるのが、「移動する上で交通困難をもつ人」（ここでは交通困難者と呼ぶが、移動制約者、移動困難者と同義語）である。

「交通困難者」と「障害者」、「高齢者」、「健常者」、この四者の重なりを図1・1に示し、その割合を羽曳野市を例に表1・1に示す。このように「移動する上で交通困難をもつ人」は全市民の1/4近くにのぼり、決して「少数者」ではないことがわかる。交通困難者の加齢変化を図1・2に示す。加齢とともにその割合は上昇していく。後期高齢者ではその値はひじょうに大きいものになるが、若年・中年者でも一定比率見られることに注目したい。また、福祉のまちづくり対象者は交通困難者だけではなく、その他の生活困難者も含めるとその割合はさらに大きくなろう。

長く行動を束縛されていた障害当事者は1960年代あたりから「外に出る運動」を開始した。その後1980年代における「国連・障害者の十年」、1990年代における「アジア太平洋障害者の十年」、障害者差別解消法（2013）、国連障害者権利条約批准（2014）を経て、今やBFは福祉施策にとどまらず「まちづ

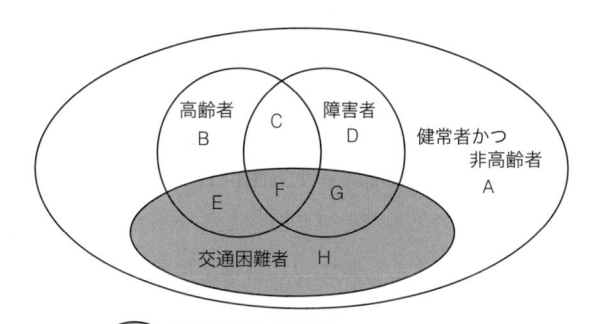

図1・1　交通困難者の構成

表1・1　交通困難者の割合（羽曳野市）A-Hは図1・1に対応

分類	交通困難者か否か	高齢者・非高齢者	障害者・健常者	構成比（％）
A	非交通困難者	非高齢者	健常者	67.3
B	非交通困難者	高齢者	健常者	6.8
C	非交通困難者	高齢者	障害者	0.2
D	非交通困難者	非高齢者	障害者	0.7
E	交通困難者	高齢者	健常者	5.7
F	交通困難者	高齢者	障害者	0.9
G	交通困難者	非高齢者	障害者	1.7
H	交通困難者	非高齢者	健常者	16.7

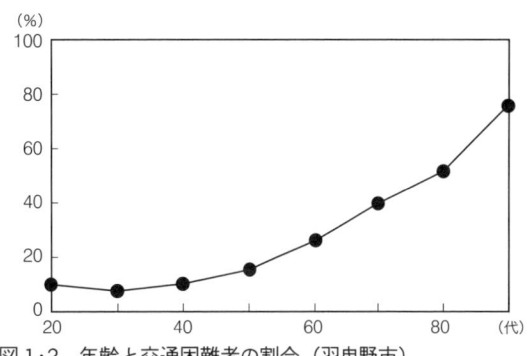

図1・2　年齢と交通困難者の割合（羽曳野市）

Column ♣ 「ユニバーサル社会」概念の発展

後述するようにBFの用語が定着し、その条例や法律がつくられてきたが、1990年代後半あたりから多くの都道府県・市町村でその発展として、「ユニバーサル社会」づくりの概念が法律・条例・行政に入ってきており、近年は「インクルーシブ社会」（誰も取り残さない「包摂社会」）の概念に発展している。また、「ユニバーサル社会」要綱、手引き、ガイドラインをつくる自治体も増えている。

くり」としても発展・定着した。この間の障害者に対する社会認識は大きく変わってきたと言える。障害を本人が固有にもつ宿命と捉えて「社会的寛容」や彼らを「救済」するといった発想から脱却して、すべての人が等しく社会参加し自立する権利を有するというノーマライゼーションの思想が拡がり、環境を整えて障害が障害でなくなるような社会システムを構築するという考え方が着実に広まってきている。このように障害をどう捉えるかという考え方の転換がBFの基本として第一にあげられる。この考え方は障害者だけでなくすべての人びとがもつ特徴・個性にかかわらずサービスを享受できるという「UD」の考え方に発展してきている。

一方で福祉のまちづくりの背景として高齢社会の進行がある。人口の高齢化は欧米では前世紀100年で直線的に増加してきたのに対し、わが国では第二次大戦による極端な人口構成変化を経た後この30年程の間で急速に高齢化が進行し、今や欧米をしのぐ世界未曽有の超高齢社会となろうとしている。この中で社会活性を確保するための高齢者社会参加が課題とされ、BFもその一環として整備されてきた面がある。BF分野では欧米とくらべ全般に20〜30年以上の遅れがみられた。今でもその遅れはかなり残っているものの、急速に取り戻しつつある。いわゆる先進各国の中でこのような特徴は、わが国における障害者施策の遅れとともに急速な高齢化にも起因している。あわせて世界のグローバル化、ボーダーレス化も背景にあげられる。交通や情報のボーダーレス化により世界の情報が短時間で入るようになり、先進事例が大量に得られることで改善課題が急速に蓄積された。近年ではアメリカのADA法（障害をもつアメリカ人法）、ノンステップバスやSTSシステム、その他多くのBF施策に関する世界の経験が交流され、施策推進の助けとなっている。逆に点字ブロックやバリアフリーITS（4章9節参照）のように日本発で世界に拡がっているものもある。国内外の交通システムの発達により「観光」は世界的に拡がっているが、その中でBFは各都市・地域の国際要件ともなってきており、イベント開催の都市環境条件ともされている。このようなボーダーレス化は今アジアを中心とする途上国のBF取組みを促進しており、今後の進展が期待される。

一方まちづくり分野では、かつての「上意下達」「中央集権」的なまちづくりから脱し、「生活者の目線」でまちをつくる考え方が進んできている。今や生活関連施設はこの目線なしに整備できないところにきている。この考え方は国の政策としての「地方分権」につながっている。また阪神・淡路大震災や東日本大震災の教訓として生活者の安全性・便利性を優先して普段からまちづくりを進める考え方の進展もこれに大きく寄与している。この考え方はUD思想と根源を一にするものであり、BF化のプロセスに取り入れられつつある。交通バリアフリー法では当事者参加・参画を重視しており、「移動等円滑化基本構想」（バリアフリー基本構想）策定のための現地点検では多数の障害者・市民が参加し、一般のまちづくりワークショップでもあまり見られない大き

> **Column ♣ 「交通困難者」の割合の公称値**
>
> 交通困難者の構成と割合は福祉のまちづくりの出発点における基本データであるにもかかわらず、わが国では長らく科学的根拠によるその値は存在していなかった。また、正確な推計手法も確立しておらず、高齢者と障害者の数でそれを代替していた。しかしそれは福祉行政指標であり、高齢者・障害者でも必要ない人と、健常者でも該当する人が多数あることがわかってきた（参考文献4）。北欧をはじめとして欧州では早くからこの値を公的に調査してきた国が多く、公称値も発表されている。人びとの移動に関する本格的調査を「パーソントリップ調査（PT調査）」（10年間隔）というが、従来交通困難項目がなかった。福井都市圏PT調査ではじめてそれが取り入れられ、2012年の近畿圏PT調査でようやく大都市圏で本格的な調査が開始された。これは欧州での調査にも準拠しており今後の分析が待たれる。

な規模となっている。今やBF・UD化は参加型まちづくりを牽引する成功のための戦略ともなりつつある。バリアフリー法（以降、法）ではこの流れをさらに法的にブラッシュアップしている。

2　社会基盤整備分野と医療・福祉分野の連携

　BFの目的とは、決まりに従ってBF化することでも、それぞれの部局の整備目標を達成することでもない。あくまで高齢者・障害者の当事者の自立が達成されることにある。その意味で社会基盤整備（まちづくり）部局だけでその自治体におけるアウトカム（目的・目標にむけて達成された結果）を設定したり、施策評価をおこなうことは困難である。また福祉部局では「地域が支える福祉－地域福祉」が重要な柱となりつつあるが、まちづくり部局と連携して施策を設定する必要がある。つまり、BFによりそのまちの障害者・高齢者の自立がどれほど達成されたかが重要なのである。

　20世紀後半のBF化の流れは障害者の権利論に立脚した「闘争」から始まったと言えるが、今やあらゆる社会システム整備の目的、「誰もが利益を受けるきめの細かい施策」へと発展しようとしている。自治体はその流れについていくだけではなく、率先してつくり上げる積極性が求められる。UDをつきつめるとすべての市民の個性が輝くまちをつくることにほかならないことがわかる。

3　ユニバーサルデザイン（UD）

　UDの考え方が世界的に拡がりつつある。近年はまちづくり分野でもそれが浸透してきており、交通バリアフリー法とハートビル法を統合して2006（平成18）年に制定された「バリアフリー法」でも、UDの特徴である人びとの多様性重視と当事者参加・参画を一段と推進する内容になっている。兵庫県ではそれにさきがけて「ユニバーサル社会づくり総合指針」をつくり推進している。そもそもまちづくりUDは多様な「生活者」の目線で「シームレス」（継ぎ目のない）なまちをつくることである。これは法等にもとづいて分担を明確にするこれまでの「縦割り」的行政を乗り越えることになる。兵庫県等では「ユニバーサルデザイン社会担当課」が設置され推進や調整を担当している。ここで重要なのは、この流れは担当課だけで到底担いきれるものではないということである。つまりUDはまちづくりの具備条件というより、目標そのものなのである。したがってそれぞれの部課においてUDの発想で課題設定・ニーズ把握・計画と設計・実施・評価・維持管理がおこなわれねばならない。問題解決の領域を拡げないと「生活者の目線」が確保されない。健康・福祉部局は生活環境全般において改善課題を発想し、まちづくり部局は人びとの多様性をしっかり把握して取り組む。「福祉を拡げる」「まちづくりを拡げる」ということである。例えば「健康まちづくり」等、両部局の谷間になって軽視されていた課題がそれにより浮かび上がってくることになる。

　UDの提唱者ロナルド・メイス（Ronald Mace, 1941-1998、通称ロン・メイスと呼ばれている）教授はその原則として以下の7点をあげている。

　①どんな人でも公平に使えること
　②使う上で自由度が高いこと
　③使い方が簡単で、すぐにわかること
　④必要な情報がすぐにわかること
　⑤うっかりミスが危険につながらないこと
　⑥身体への負担がかかりづらいこと（弱い力でも使えること）
　⑦接近や利用するための十分な大きさと空間を確保すること

　これらはUDの7原則として知られているが、現代の日本における課題を勘案して以下の3点を補足したい。

　・「多様なすべての人」が生活しやすい、使いやすいデザイン

- 「積極的に五感を活かし」、個性に対応したデザイン
- すべての人とともに「地球環境」を含むすべての環境にも配慮したデザイン

また、UDを実現する上でのポイントとなる点をあげる。

- 特別なものとせずに「共用品」化（メインストリーム化）する。
- 当事者参加・参画で使いやすくする
- ニーズを丁寧に把握する
- 粘り強く考え、話し合う（人の意見をよく聞く）
- 継続的に改善する（PDCAサイクル）

さらに、まちづくりのUDでは以下を要点としたい。

- みんなのことを考えて、
- みんなで集まって、
- 縦割りにとらわれず柔軟な頭で、
- 「そこをなんとか」と最後まであきらめず、
- できてからも改善し続ける

これらにもとづく、計画・設計・制度・行政・仕組みの思想がUDまちづくりであろう。

また、UDによるまちづくりがなぜ必要か、また、その実現が困難な背景について以下を指摘しておく。

① BFをはじめ、「おいてこられた」問題を解決するため
② 対象者が少数であるという理由で取り上げられない
③ 実現が困難である
④ 費用がかかる
⑤ 技術がない

> **Column ♣ PDCAサイクルは継続的改善の仕組み**
> 目的に向かって段階的に目標を設定し改善を実現する仕組みとしてPDCAサイクルが使われる。Plan（計画）→ Do（実施）→ Check（点検）→ Action（改善）を繰り返すことをいう。経営管理、品質管理等に使われてきたが、改善の論理として定着した。BF、UDでも継続的改善のシステム的保証として用いられる。

⑥ 規則・法律・行政の縦割りが実現のネックになっている（習慣・権威に縛られている）
⑦ 事業者・行政・当事者の利害対立がある
⑧ まちづくりが密室でおこなわれる

また、まちづくりにおけるBF・UDの課題の特徴を以下にあげておく。

① 公共性が強い（公共財を対象とする）
② すべての人が使える（ノーマライゼーションの流れ）ため税が投入されることが多い
③ 対象者の幅が広い（属性・地域・場面等）
④ 合意形成プロセス自体が重要である

さらに当事者参加・参画の必要性を以下にあげる。

① 当事者自身の自己決定
② 利用性・安全性・快適性の確保
③ BFレベルの向上
④ 困難を乗り越える組織的保障
⑤ 生活者目線のまちづくりに発展
⑥ 市民理解、心のBF
⑦ BF情報の普及
⑧ 目標がブレない
⑨ 利用者とサービス提供者の人間関係を築く
⑩ 継続的・持続的改善

4 福祉のまちづくり・BF・UDの対象者

福祉のまちづくり・BF・UDの対象者は多様である。すべての人が多様な身体的・精神的・環境的・社会的特徴をもっているからである。その点に留意しながら、一般にあげられる対象者を表1・2に示す。障害者としては福祉分野で従来から、肢体不自由者（上肢、下肢）、視覚障害者、聴覚・言語障害者、内部障害者が中心となっていた。2000年の交通バリアフリー法で内部障害者のオストメイト（人工肛門、人工膀胱造設者）等への配慮が強化されたが、2006年の法ではさらに知的・精神・発達障害者への配慮が強化された。また近年、特に「LGBT（性的マイノリティ）」、「子育て中の男女」、外国人等も重視さ

表1・2 福祉のまちづくり対象者（出典：「バリアフリー整備ガイドライン（旅客施設編）」（平成25年改訂版）国土交通省総合政策局安心生活政策課監修、公益財団法人交通エコロジー・モビリティ財団、2013）

対象者	主な特性（より具体的なニーズ）
高齢者	・階段、段差の移動が困難 ・長い距離の連続歩行や長い時間の立位が困難 ・視覚・聴覚能力の低下により情報認知やコミュニケーションが困難
肢体不自由者 （車椅子使用者）	車椅子の使用により、 ・階段、段差の昇降が不可能 ・移動及び車内で一定以上のスペースを必要とする ・座位が低いため高いところの表示が見にくい ・上肢障害がある場合、手腕による巧緻な操作・作業が困難 ・脳性まひなどにより言語障害を伴う場合がある など
肢体不自由者 （車椅子使用者以外）	杖、義足・義手、人工関節などを使用している場合、 ・階段、段差や坂道の移動が困難 ・長い距離の連続歩行や長い時間の立位が困難 ・上肢障害がある場合、手腕による巧緻な操作・作業が困難 など
内部障害者	・外見からは気づきにくい ・急な体調の変化により移動が困難 ・疲労しやすく長時間の歩行や立っていることが困難 ・オストメイト（人工肛門、人工膀胱造設者）によりトイレに専用設備が必要 ・障害によって、酸素ボンベ等の携行が必要 など
視覚障害者	全盲以外に、ロービジョン（弱視）や色覚異常により見え方が多様であることから、 ・視覚による情報認知が不可能あるいは困難 ・空間把握、目的場所までの経路確認が困難 ・案内表示の文字情報の把握や色の判別が困難 ・白杖を使用しない場合など外見からは気づきにくいことがある
聴覚・ 言語障害者	全聾の場合、難聴の場合があり聞こえ方の差が大きいため、 ・音声による情報認知やコミュニケーションが不可能あるいは困難 ・音声・音響等による注意喚起がわからないあるいは困難 ・発話が難しく言語に障害がある場合があり伝えることが難しい ・外見からは気づきにくい
知的障害者	初めての場所や状況の変化に対応することが難しいため、 ・道に迷ったり、次の行動を取ることが難しい場合がある ・感情のコントロールが困難でコミュニケーションが難しい場合がある ・情報量が多いと理解しきれず混乱する場合がある ・周囲の言動に敏感になり混乱する場合がある ・読み書きが困難である場合がある
精神障害者	状況の変化に対応することが難しいため、 ・新しいことに対して緊張や不安を感じる ・混雑や密閉された状況に極度の緊張や不安を感じる ・周囲の言動に敏感になり混乱する場合がある ・ストレスに弱く、疲れやすく、頭痛、幻聴、幻覚が現れることがある ・服薬のため頻繁に水を飲んだりすることからトイレに頻繁に行くことがある ・外見からは気づきにくい
発達障害者	・注意欠陥多動性障害（AD/HD）等によりじっとしていられない、走り回るなどの衝動性、多動性行動が出る場合がある ・アスペルガー症候群等により特定の事柄に強い興味や関心、こだわりを持つ場合がある ・反復的な行動を取る場合がある ・学習障害（LD）等により読み書きが困難である場合がある ・他人との対人関係の構築が困難 など
妊産婦	妊娠していることにより、 ・歩行が不安定（特に下り階段では足下が見えにくい） ・長時間の立位が困難 ・不意に気分が悪くなったり疲れやすいことがある ・初期などにおいては外見からは気づきにくい ・産後も体調不良が生じる場合がある など
乳幼児連れ	ベビーカーの使用や乳幼児を抱きかかえ、幼児の手をひいていることにより、 ・階段、段差などの昇降が困難（特にベビーカー、荷物、幼児を抱えながらの階段利用は困難である） ・長時間の立位が困難（子どもを抱きかかえている場合など） ・子どもが不意な行動をとり危険が生じる場合がある ・オムツ交換や授乳できる場所が必要 など
外国人	日本語が理解できない場合は、 ・日本語による情報取得、コミュニケーションが不可能あるいは困難 など
性的マイノリティ	出生時の性別と性自認が異なることにより、 ・男女別トイレや男女別更衣室等の利用ができにくい場合がある ・知的障害者や発達障害等の異性同伴が伴う場合と同様性別を問わないトイレ（個室）が必要となる
その他	・一時的なけがの場合（松葉杖やギブスを使用している場合など含む） ・難病、一時的な病気の場合 ・重い荷物、大きな荷物を持っている場合 ・初めての場所を訪れる場合（不案内） など

＊高齢者・障害者等においては、重複障害の場合がある。

れるようになっている。

これらの対象者はそれぞれ心身特徴が異なるとともに、同じ障害であっても、程度や質もかなり異なる。例えば肢体不自由者でも、車いす使用者と杖・松葉杖使用者ではニーズがまったく異なる。視覚障害者も全盲と弱視で必要とされる配慮が異なってくる。それに加えて、車や自転車が使えるか、家族や自宅の条件、自宅や職場の場所等身体以外の諸条件によっても異なってくる。その上、雪国、中山間地、都市部等といった地理的風土的条件が関係している。このように、対象者を身体的形質だけで特徴づけるのではなく、地域風土・コミュニティ・家族条件等を勘案する必要がある。表1・2に掲げた対象者の整理は、わが国における基本対象者と身体特徴として理解し、実際の福祉のまちづくりの場面ではそれぞれの地方で主体的に対象者をクローズアップし、ニーズを特定することが肝要である。

身体的特徴と必要とされる空間諸元として、表1・2の出典であるガイドラインでは車いす使用者を例示している。これらは全国共通の諸元として用いられている。

知的・精神・発達障害者、LGBT（性的マイノリティ）者については個々人による特徴が多様であり、まちづくりにおける配慮事項は研究途上である。外国人についても、配慮すべき言語には地域性もある。欧州のような多言語社会と異なりわが国の経験は浅くこの分野も今後研究が必要である。

対象施設は、「人間がかかわるすべての施設・設備・空間」である。自然や歴史施設については技術的に景観や歴史価値と調整できるかを検討するが、目標の本質はBF対象者の社会参加をめざすことである。具体的な対象施設は以下のとおりである。

①住宅：共同住宅、戸建て住宅
②公共的建築物：市役所・保健所・体育施設・教育施設・福祉施設・病院・会館・ホール・美術館・博物館　等
③民間建築物：商業施設・工業施設・ホテル・店舗・映画館・娯楽施設・飲食店　等
④公共交通機関：航空機・船舶・電車・バス・LRT・新交通システム・タクシー・スペシャルトランスポート　等
⑤交通結節点：空港・船客ターミナル・鉄道駅・バスターミナル・バス停　等
⑥道路空間：歩道・車道・自転車道・駅前広場・サービスエリア・駐車場
⑦その他の公共空間：公園・緑地・地下街・河川・海岸・動植物園・野球場などスポーツ施設・公共トイレ　等
⑧その他観光施設等：歴史的建造物・大規模公園・海浜・山岳および高原・温泉・キャンプ場等自然や文化体験施設

本書では主には扱わないが、ソフト面での「福祉のまちづくり」もある。福祉的助け合いのネットワーク、社会的孤立を防ぐネットワークづくりなど、これらは「地域福祉」として福祉のまちづくりの大事な分野でもある。

2 あゆみ

1 福祉のまちづくりの発祥

日本におけるBF・デザイン、UDの発祥、つまり福祉のまちづくりの出発は1970年代初頭に始まる。よく知られているきっかけの1つは1969年冬、仙台市内で重い障害のある子どもたちを家の中から外に連れ出すボランティア活動からである。この活動は宮城県肢体不自由協会の一職員の発案によるものであったが、この活動にボランティアとして誘われ参加した車いすを使用する青年と大学生、その支援者たちによって日本の福祉のまちづくり、BF運動がスタートした。この活動は2年後には「福祉のまちづくり運動」と称され、仙台だけではなく、東京、名古屋、京都等でも車いす使用者の活動を中心に広

範に拡がっていった。仙台の動きはマスコミ等の報道により全国に宣伝され、1973年には仙台で「全国車いす市民交流集会」が開催された（図1・3）。

2　福祉のまちづくりが生まれた背景

日本に福祉のまちづくりが生まれたもう1つ背景には、1964年の東京オリンピックを契機とする高度経済成長下で活発になり始めた都市改造事業が関係する。これらの動きと障害者対策の遅れを障害者の施設収容で対応しようとした動きに反発する若い車いす市民から、福祉のまちづくり、都市環境の改善運動が始まったのである。経済活動を優先し、障害者をまちから締め出そうとするかに見えた都市改造のあり方に障害のある市民自身が異議を申し立てたのである。

福祉のまちづくりは、わが国のまちづくりの歴史の中では、はじめて障害者が掲げたまちづくりと言える。その後、福祉のまちづくりは全国各地に開花し、生活優先を掲げる市民活動のシンボルになっていった。

例えば、歩車分離という交通政策で通学路の子どもや高齢者を守ろうと横断歩道橋が建設され、一見安全、安心のまちづくりに見えたのであるが、実際の施策は車優先であった。エレベーターのない階段を4人以上の人が車いすをかついで上り下りしなければならない状況が生まれ、高齢者、子ども、障害者にとって新たなバリアが生み出されていった。

3　福祉のまちづくりと生活拠点の獲得

車いす使用者らは、そうした都市づくりは障害者の人権、生活権、移動権を無視していると主張し、都市や施設の改善、福祉のまちづくり、BFを要求する運動へと進んでいった。

埼玉県川口市では、脳性まひ者による「川口に障害者の生きる場をつくる会」（1974）の活動が生まれ、「町から離れたコロニー」注1)ではなく、自分たちは親

図1・3　全国車いす市民交流集会（1973）

兄弟がいるまちに住みたい」と市長に要求し、市内に24時間のケアが付いた10名程度のケア付き住宅を建設させた。こうした住まいの拠点を要求する運動は、当然のことながら、まちの道路、都市環境の改善にもつながるものとなっていった。

障害者自身による障害者自立生活運動の先駆けである「青い芝の会」注2)が、1970年代初頭より、ありのままの人権を掲げた諸活動も同様であり、やがて東京青い芝の会らの参画によって建設されたケア付き住宅「八王子自立ホーム」（1981）も、生活拠点の確保と都市環境の改善が表裏一体となっていた。

4　福祉のまちづくり運動を後押しした国際アクセスシンボルマーク

仙台で始まった「福祉のまちづくり」運動はまたたく間に、全国各地に拡がった。交通機関等で車いす使用者の移動が困難であることは誰の目にも明らかではあったが、「バリアフリー」という言葉が障害者自身や日本の市民社会に定着していない時代であった。これらの運動を後押ししたのが、1969年にアイルランドのダブリンで開催された国際リハビリテーション協会の総会の場で定められた国際アクセスシンボルマークである（図1・4）。

表1・3は国際アクセスシンボルマークの掲示基準である。このマークは、今日では障害者が利用できる整備を施した施設であることを示す世界共通のピクトグラム（絵文字）として広範に知られている。車

いす使用者をはじめとする障害者が建築物や都市施設・設備を利用することができる最低限の整備基準である。

仙台市民は、このマークを市内の各公共的施設に表示することを1つの目標として、福祉のまちづくり運動を展開した（図1・5）。

現在、日本における国際シンボルマークの使用管理は公益財団法人日本障害者リハビリテーション協会が有し、1993年に国内の使用指針を公表している。

5 国際障害者年が果たした役割

1981年の国際障害者年で「障害者の完全参加と平等」という崇高な理念が国連により掲げられた。そして、国際障害者年の具体的な行動目標として、誰もが地域社会の中で障害のない人と同等に暮らせる環境をめざす「ノーマライゼーション」の考え方が日本に浸透し始める。

その後、国連は1983年～1992年までを「国連・障害者の十年」とし、各国が計画的に障害者問題の解決に取り組むこととなった。アジア地域では、「国連・障害者の十年」に続く取組みとして、国連の地域委員会の1つである国連アジア太平洋社会経済委員会（UNESCAP）において、「アジア太平洋障害者の十年（1993-2002）」を決定した。2003年以降は「第二次アジア太平洋障害者の十年」に移行した。

この20年間で、アジア諸国では日本のみならず中国、韓国等の都市環境のBF整備が格段に進んだ。これらも国際障害者年の大きな成果の1つである。

1981年の国際障害者年から続く今日まで、一貫して障害者問題の発生要因が本人自身によるものではなく、社会、環境の側にあることを、世界が共有し、問題の解決に当たっている。

6 福祉環境整備要綱から福祉のまちづくり条例の発展

仙台で全国車いす市民交流集会が開かれた1973年、厚生省は身体障害者モデル都市事業を全国6都市（仙台市、町田市、広島市、京都市、名古屋市、北九州市）に指定した。国による本格的な福祉のまちづくり政策の開始である。この年には国鉄（JRの前身）山手線の高田馬場駅で視覚障害者がホームか

図1・4　国際アクセスシンボルマーク
（International Symbol of Access）
1969年アイルランドのダブリンで開催された国際リハビリテーション協会（RI）の総会で制定された。

表1・3　国際アクセスシンボルマークの掲示基準

基準
①玄関：地面と同じ高さにするほか、階段の代わりに、または階段のほかにスロープを設置する
②出入口：80cm以上の幅とする。回転ドアの場合は、別の入口を併設する
③スロープ：傾斜は1/12以下とする。室内外を問わず、階段の代わりに、または階段のほかにスロープを設置する
④通路・廊下：130cm以上の幅とする
⑤トイレ：利用しやすい場所にあり、外開きドアで、仕切り内部が広く、手すりがついたものとする
⑥エレベーター：入口幅は80cm以上とする

図1・5　仙台市内のデパートで改造された車いす使用者用トイレ（1971）

ら転落して死亡するという痛ましい事故が起こった。これをきっかけに、全国各地の鉄道駅のホームに視覚障害者誘導用ブロック（点字ブロック）が設置されるようになる。

一方、1974年東京都町田市で日本ではじめて、民間施設や公共施設、住宅のBF化を地方公共団体レベルで行政指導する「福祉環境整備要綱」が制定された（図1・6）。この要綱は、対象となる建築物等を建築するにあたり、事前協議で市が定めた整備基準に合致するように指導するものである。この町田市を皮切りに、その後80年代後半までに約60都市で福祉環境整備要綱あるいは福祉のまちづくりに関する整備指針が制定された。

1990年代に入ると福祉環境整備要綱をより法的に拡充する福祉のまちづくり条例の制定が始まる。福祉のまちづくり条例は、自治法による任意条例であるが、福祉環境整備要綱の全国的な発展により、整備基準の不統一の是正やBFの法的担保措置として強い期待感をもって登場した。

しかし条例も都道府県、区市町村が独自に制定することができるため、要綱や指針と同じように地域によるばらつきは解消することができず、残念ながら法が制定された今日でも依然としてその問題は継続している。

こうした地方公共団体による福祉のまちづくり行政の課題を克服するために登場したのが1994年に制定された「高齢者、身体障害者等が円滑に利用できる建築物の建築の促進に関する法律」（ハートビル法）である。

7 高齢化社会の法整備

ハートビル法の成立を促した1994年1月の建設省建築審議会答申（現在の社会資本整備審議会建築分科会）は次のように記している。

「(略)今後における建築物の整備は、高齢者・障害者等の運動機能等に一定の制約を有する者が、移動及び利用の自由と安全性を確保しつつ、自立した生活を営むことができ、また社会活動に積極的に参加することができるように配慮して行われていく必要がある。このため、建築行政の分野においても、高齢者・障害者等の利用に配慮した建築物の整備を促進するための枠組みを早急に確立し、積極的な施策の推進を図ることが必要である。(略)とりわけ、建築物の建築に当たっては、建築物が人々の生活の基本的で中心的な場であるという点を再認識し、従来のように経済活動中心、成人中心といった効率優先の考え方から、高齢者から幼児まですべての人が共生する場の創出という考え方への転換が求められている。(略)」

だが、要綱や条例の法的不備を改善すべく登場したハートビル法ではあったが、2002年の改正までは努力義務法であり、同法による指導や助言も対象施設が限られ、建築確認法令としては位置づけられていなかった。

ハートビル法制定の翌年1月に起きた阪神・淡路大震災では多くの高齢者や障害者が学校に避難したが、法の対象外であった既存学校施設のBF化の不備が問題となり、文科省も学校施設のBF化を意識するようになる。

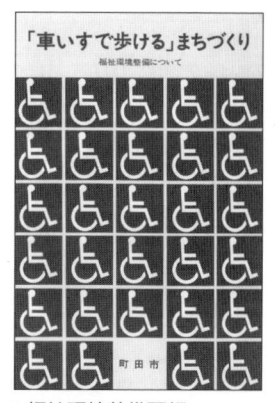

図1・6　町田市の福祉環境整備要綱
町田市はこの要綱をもとに「車いすで歩ける」まちづくりを標榜し実践した。70年代の福祉のモデル的自治体の1つとして全国に知られる。

1章　考え方とあゆみ

表1・4　福祉のまちづくりの主なあゆみ

年	内容
1961	米国で世界最初のバリアフリー基準 ANSI117 制定
1965	岡山市で点字ブロックが生まれる
1969	仙台市で重い障害児の外出を支援する活動
1970	仙台市で福祉のまちづくりの出発点となる「グループ虹」の活動始まる。
1971	仙台市で身障者の生活圏拡張運動、福祉のまちづくり運動
1972	・京都で誰でも乗れる地下鉄にする市民運動 ・米国カルフォルニア州バークレイ市で障害者自身によるCIL（自立生活センター）スタート
1973	・山手線高田馬場交通で視覚障害者転落死 ・車いす市民交流集会（仙台市） ・車いすTOKYOガイド発刊 ・米国リハビリテーション法改正（障害者差別を禁止する504条）
1974	・町田市福祉環境整備要綱（全国初の自治体のバリアフリー基準） ・国際リハビリテーション会議報告「バリアフリー・デザイン」が刊行される
1975	スウェーデン建築法改正（住宅のバリアフリー化）
1976	川崎市で脳性まひ者がバス運行に抗議行動
1981	・神戸ポートライナーでホームドア（全国初のホームドア） ・京都市営地下鉄でバリアフリー化（地下鉄ではじめて）
1983	・運輸省「公共交通ターミナルにおける身体障害者用施設整備ガイドライン」 ・国鉄点字ブロック設置義務化
1985	・建設省視覚障害者誘導用ブロックの整備指針 ・ロン・メイス「ユニバーサルデザイン」の考え方を発表
1990	アメリカ障害者法（ADA：差別禁止規定）
1991	運輸省「鉄道交通におけるエスカレーター整備指針」
1993	運輸省「鉄道交通におけるエレベーター整備指針」
1994	・ハートビル法制定 ・運輸省「公共交通ターミナルにおける高齢者、障害者等のための施設整備ガイドライン」
1995	・ノンステップバス運行始まる（東京、大阪など） ・米国でユニバーサルデザインの7原則発表
1999	静岡県でユニバーサルデザイン室設置
2000	交通バリアフリー法制定、バリアフリー基本構想始まる
2002	ハートビル法の改正（義務化、委任条例の制定）
2005	国土交通省ユニバーサルデザイン政策大綱
2006	バリアフリー法（道路、交通、建築等の一体的バリアフリー整備）
2010	JR東日本山手線にホーム柵の設置始まる
2011	バリアフリー基本方針の見直し（旅客施設のバリアフリー整備対象を5000人／日から3000人／日へ引き下げ、交通機関、建築物、公園等の整備目標の引き上げ）
2013	障害者差別解消法
2014	国連「障害者権利条約」政府批准
2018	バリアフリー法改正（障害の社会モデル、共生社会を明記）
2020	バリアフリー法改正（交通事業者の合理的配慮、公立小中学校等のバリアフリー義務化）

　2000年、多くの障害者が長年要求してきた交通バリアフリー法が成立し、新規の道路、鉄道駅等の交通機関のBF化が法的に義務づけられ、既存施設も努力目標がうたわれた。制定された交通バリアフリー法の意義は、単に1つの交通施設のBF化を推進するだけではなく、駅を中心とした徒歩圏域で面的なBF化を求めたことである。すなわち、「交通バリアフリー法基本構想」を制定し、その上で地域のBF化をリードする「重点整備地区」を法的に決定する仕組みである。

　一方、2000年に制定された交通バリアフリー法の義務化に触発され、ハートビル法は2002年、2000m²以上の新築建築物に対して基礎的なBF基準（建築物移動等円滑化基準）を義務化する法律に改正された。一定の範囲ではあるが2000m²以上の新築物は法で定められた基礎的BF基準の遵守が求められ、建築基準法上の法令として登場したのである。

　2006年、交通バリアフリー法の5年の実施状況やハートビル法との連携問題を検討し、拡大する多様な利用者ニーズに対応したUDの考え方を導入するために、ハートビル法と交通バリアフリー法を統合して新たに法が制定された。

　法による利用者や対象施設も拡大し、日常や余暇活動に必要となる道路、交通機関、建築、公園等のすべてが法に含まれるようになった。また交通バリアフリー法の特徴であった駅を中心とする交通バリアフリー基本構想の範囲も、駅以外の住宅地や公共施設の集積地域でも策定できるように拡大され、本格的なBFのまちづくりが始動する。

８　海外からの影響とUD

　1969年の国際シンボルマークの導入以来、1981年の国際障害者年、1990年ADA法（障害をもつアメリカ人法：障害者差別禁止法）、1990年代後半からのUDの展開、さらには2006年国連障害者の権利条約等、わが国では絶えず国際的な動向に強い影響

を受けてきた。これは障害者問題や高齢者問題のみならず、子どもの問題も同様である。

グローバル化時代にあってはさらに国際的な動向に注目して行く必要がある。これらわが国の福祉のまちづくりやBFに影響を与えてきた欧米の主な動きについて述べる。

米国における建築物BFの動きは、障害者の経済活動への参加を保障するために制定された世界最初の建築物のアクセス基準ANSI117（1961年）から始まった。1968年には米国で世界初の建築物バリア法が定められた。住宅のBF化規定では1975年スウェーデン建築法の改正が世界初である。

交通関係では、1970年初頭には既に米国でUMTA（都市大量輸送法）や連邦道路法の中で、障害の有無、年齢にかかわらずすべての人に利用できなければならないと定められている。1980年代に入ると欧州でもECMT（欧州交通大臣会議）でEC加盟国の間で同様の規則が定められている。特にフランスでは1982年国会交通基本法で「交通権」が認められている。

1990年、米国の障害者が長年要求してきた公民権法の1つADA法が成立した。この法律の成立後に米国ではBFデザインを発展させる概念として「UD」の考え方が登場した。

ちなみにBFデザインという呼称が日本に広く知られるようになったのは、1974年の国連障害者の生活環境問題専門家会議によって発信された「バリアフリー・デザイン」リポートの影響が大きい。わが国の社会では、BFデザインという言葉は1980年代に入ってから浸透し始めたとみられる。

米国でUDの考え方が生まれた背景は、それまでのアクセシビリティ、BFという考え方が障害者のみを対象にしたため、開発された住宅や商品が企業や一般社会に受け入れられなかったからだと言われている。

そこでUDの提唱者であるロン・メイスらは、1980年代後半から住宅デザインを対象に、多くの人に受け入れられるデザインとは何かについて研究と実践を重ね、簡単な方法で住宅部品を取り付けたり取り外したりすることで、障害のある人にもない人にも受け入れられる可変型の住宅設備（アダプタブル・ハウジング）を開発した。これがUDの始まりである。

1995年、米国で「UDの7原則」が発表され日本に伝わると、それまでの福祉のまちづくりからUDのまちづくりへの転換がおこなわれるようになる。地方公共団体でいち早くUDの考え方で政策を進めたのが1999年の静岡県である。その後全国に普及した。現在の日本では、福祉のまちづくり、BF、アクセシブルデザイン、UD、そしてヨーロッパ型のデザイン・フォー・オール、インクルーシブ・デザインという表現が広範に使用されている。UDを発展させた米国では、利用者主体のデザイン、人間本位のデザインの表現として、ヒューマンセンタード・デザイン（human centered design）という呼称も使用されている。

9 これからの課題と障害者差別解消法

福祉のまちづくりやUDのまちづくりに関わるこれからの課題について、次の4点を取り上げておきたい。

①福祉のまちづくりと市民参加：高齢者、障害者等を含む多様な市民が参加する福祉のまちづくり事業がわが国の福祉のまちづくり、BF、UDの特徴である。今後もこの考え方は継承されるべきと考える。

②災害に強い福祉のまちづくり：阪神・淡路大震災、東日本大震災をはじめ、近年大きな自然災害が相次いでいる。災害に強い福祉のまちづくり、BF、UDがこれからも引き続き求められる。

③BFやUD技術の更新：この40年間に海外からさまざまなBF、UD技術が導入され、多くの恩恵を受けた。その結果、諸外国で最も進んだBF国となった日本ではあるが、今なお研究さ

れていない技術基準が少なくない。高度に進んだ日本社会における新たなBF技術基準の開発が求められる。

④グローバル化と国際協力：日本はこれまで膨大な情報や貴重な国際経験を海外から得て、日本社会に応用してきた。これらの経験は、他国に対しても的確なアドバイスができるのではないかと考える。特にアジア諸国との連携を深めるべきであり、このことは同時に、今後日本が取るべき技術的進歩の方向性になる。

2006年国連で障害者の権利条約（表1・5）が採択された。その批准条件とされた障害者差別禁止法の制定が2013年6月「障害者差別解消法」として成立した（表1・6）。障害者差別解消法は障害者基本法にもとづく実効法ではあるが、障害者にとってはじめての人権法であり、この法律が今後の福祉のまちづくりやBF化、UD化に果たす役割は大きい。

「すべての人が分け隔てなく」住み、移動できる環境づくりの目標が障害者差別解消法の枠組みに存在する。差別を解消するBF、UDの水準をどうするか、個別対応が求められる合理的配慮の方法が、対象者や地域、都市によって異なってくる。人類社会の差別をなくすことは永遠の課題でもあるが、日本国民の英知を結集していく必要がある。

注
注1）コロニー：語源や意味するところはさまざまであるが、ここでは地域社会から隔離された障害者収容施設の総称として用いている。1960年代中ごろから各県の障害者政策に取り入れられ、親亡き後の終の住処と施設不足の解消をめざしたが、自立生活運動をめざす障害者からは「隔離政策」として大きく反発された。
注2）青い芝の会：1957年東京都内の脳性まひ者が中心になり発足した互助団体である。障害当事者の団体として人権、住まい、移動、年金、介助問題等で日本の障害者運動をリードした。

参考文献
1) 秋山哲男・三星昭宏『講座高齢社会の技術6 移動と交通』日本評論社、1996
2) 小澤温・大島巌編『障害者に対する支援と障害者自立支援制度 第6章』ミネルヴァ書房、2013
3) 土木学会土木計画学研究委員会『参加型福祉の交通まちづくり』学芸出版社、2005
4) 三星昭宏・新田保次「交通困難者の概念と交通需要について」『土木学会論文集』No.518、IV-28、土木学会、1995
5) 国土交通省『道路の移動等円滑化に関するガイドライン』2022
6) 日本福祉のまちづくり学会『福祉のまちづくり検証』彰国社、2013
7) 髙橋儀平『高齢者・障害者に配慮の建築設計マニュアル—福祉のまちづくりの実現に向けて—』彰国社、1996
8) 髙橋儀平『福祉のまちづくり その思想と展開』彰国社、2019

表1・5 国連、障害者の権利条約のポイント

①世界のすべての地域で社会の構成員としての参加を妨げるバリアと人権侵害があることを認識すること
②障害のある人の多様性を認め、障害にもとづく差別は人間の尊厳を侵害することを認識すること
③障害のある人が政策や計画に関わる意思決定過程に積極的に関与できる機会をつくりだすこと
④障害のある人が他の者と平等に、すべての人権、基本的自由を共有しまたは行使することを可能にするための「合理的配慮」をおこなうこと

表1・6 障害者差別解消法のポイント

①障害を理由とする差別等の権利侵害行為の禁止 何人も、障害者に対して、障害を理由として、差別することその他の権利利益を侵害する行為をしてはならない
②社会的障壁の除去を怠ることによる権利侵害の防止 社会的障壁の除去は、それを必要としている障害者が現に存し、かつ、その実施に伴う負担が過重でないときは、それを怠ることによって①の規定に違反することとならないよう、その実施について必要かつ合理的な配慮がされなければならない
③国による啓発・知識の普及を図るための取組み 国は、①に違反する行為の防止に関する啓発および知識の普及を図るため、当該行為の防止を図るために必要となる情報の収集、整理および提供をおこなうものとする

2章 法律の仕組み
―1970年代以降の条例・法の発展―

POINT 福祉のまちづくりに関係する福祉のまちづくり条例、バリアフリー法（以降、法）を中心に基本的な考え方、適用対象、範囲、各種用語について理解する。その上で、福祉のまちづくり条例や法に存在する課題、問題点を考える。条例についてはわが国を代表する東京都と大阪の条例を事例として取り扱う。各種施設のバリアフリー（以降、BF）整備手法は、以後の章で述べる。

1 福祉のまちづくり条例

①福祉のまちづくりの目的と課題

多くの地方公共団体では福祉のまちづくり条例の目的として、「高齢者、障害者等が円滑に利用できる生活関連施設の整備の促進その他の福祉のまちづくりに関する施策を推進することにより、すべての県民が安心して生活し、かつ、等しく社会参加することができる豊かで住みよい地域社会の実現に寄与する。」（埼玉県）と記している。条例の対象は、高齢者、障害者、妊産婦、子ども等すべての市民である。

条例に規定される整備対象施設は、学校、病院、劇場、百貨店、ホテル、飲食店、銀行その他不特定かつ多数の者の利用に供する建築物、公共交通機関、道路、公園等、日常生活圏に存在する殆どの公共的施設を含んでいる。

福祉のまちづくり条例は、ハートビル法（1994）、交通バリアフリー法（2000）ができるまでは、唯一の広域的なバリアフリー（以降、BF）関係法令であり、市町村を超えて同一県内で適用されてきた。その制定に当たっては障害のある市民を中心に積極的な働きかけがおこなわれてきた。

しかし今日では法（2006）の制定により、福祉のまちづくり条例の役割も次第に変化している。大きな変化は、福祉のまちづくり条例が自治法を根拠としているため、建築基準法と同格となった法や法の付加条例であるバリアフリー条例のように建築物のBF化のための義務法としての機能を有していないことである。すなわち、建築物の場合、福祉のまちづくり条例で求められる整備は、建築確認申請時における事前協議や届け出の一項目ではあるが、現実には建築確認申請の段階で遵守すべき法制度として機能していないのである。

日本ではじめての本格的な福祉のまちづくり条例として各都県のモデルとなった大阪府、兵庫県の福祉のまちづくり条例（1992年施行）等、ハートビル法の成立（1994）以前に制定もしくは運用されていた条例の場合は、他にBFの遵守を求める法制度がなかったこともあり、建築主や設計者も一定の理解を示し、義務的効果を発揮していた。

しかし、2002年のハートビル法の改正により、2000m²以上の建築物に対してBF整備が義務づけられたことにより、福祉のまちづくり条例による建築物整備の指導が次第に弱体化し始める。この傾向はハートビル法と交通バリアフリー法が統合され法になるとさらに顕著となった。今日、全都道府県で制定されている各地の福祉のまちづくり条例は、建築時には事前協議の対象になっているものの、それを遵守させるまでの行政指導ができない状況が続いている。

しかし、①福祉のまちづくり条例で求められる整備は地域における広範な施設を対象としていること、

②事前協議段階での一項目ではあるが、住民の代表によって議決された重要な条例であること、③ソフト面（市民意識の改善、市民参加の観点等）と道路、交通機関、建築物等ハード面の整備を一体的に運用することが可能なものであることから、改めて実効方策を検討する必要があると思われている。

福祉のまちづくり条例の今後の課題としては、法やバリアフリー条例と連動しながら、事前協議による指導を徹底し、その目的を達成していく必要がある。

②福祉のまちづくり条例の概要

全国に先駆けて福祉のまちづくり条例を制定した大阪府の条例を参考に、福祉のまちづくり条例の特徴を概観する。大阪府の条例は福祉のまちづくり条例づくりにおける全国のモデルになったものである（表2・1）。条例には行政、事業者、府民の役割が明記され、福祉のまちづくりの推進体制の構築がうたわれた。推進体制は通常「福祉のまちづくり推進協議会」と称され、福祉のまちづくりの進捗管理、政策検証、評価等を担う。また届け出制度により、より重点的に整備すべき対象施設を明確にし、広範な施設への誘導方策を示している。整備後は適合証を交付し（ただし大阪府では2009年に廃止）、良好な維持管理を施設管理者に求めている。

③条例の対象施設

大阪府では、事前協議や改善計画の対象となる都市施設を「特定施設」と称した（表2・2）。この名称は全国の条例づくりにも波及する。特定施設は届け出により建築物の確認申請に際して事前協議が必要な都市施設群である。それ以外の施設は事前協議の必要はなく、建築主が任意で福祉のまちづくり条例の趣旨を尊重し自主的にBF整備に努める施設群である。この区分は、その後各都道府県に採用される。

④福祉のまちづくり条例の事前協議の流れ

大阪府は法の制定以降、福祉のまちづくり条例内に法の委任部分を盛り込み一体的な指導、助言をおこなっている。この流れで重要なのは、確認申請前の事前協議と施工後の完了検査である。法にもとづく建築物バリアフリー条例を有する過半の自治体では、義務化された基準のチェック（確認申請時）と工事完了後の完了検査により整備の確認がおこなわれているが、福祉のまちづくり条例の場合は、多くが工事完了届のみで対応している。現場検査をおこなうか否かは、BF工事の確認にとってはかなり重要な要素であるが、福祉のまちづくり条例に残され

表2・1　大阪府福祉のまちづくり条例の概要

[前文]	
真に豊かな福祉社会の実現のため、すべての人が自らの意思で自由に移動し、社会参加できる福祉のまちづくりを進める	
[目的]	
府・事業者の責務等、府の基本施策並びに建築物等の都市施設の整備に必要な事項を定め、自立支援型福祉社会の実現に資する	
[責務]	
府の責務	①福祉のまちづくりに関する総合的な施策の策定、実施 ②市町村への技術的な助言、支援 ③市町村との連絡調整
事業者の責務	①設置・管理する都市施設を、安全・容易に利用できるよう整備 ②府の施策に協力
府民の役割	深い理解と相互扶助の心をもって、福祉のまちづくりに協力
[府の施策]	
基本方針	①機運の醸成　　②都市環境の整備 ③社会参加の支援　④地域社会づくり
啓発・学習の促進 推進体制の整備 財政措置	
[都市施設の整備] 事業者の整備基準適合努力義務	
都市施設	不特定多数の人が利用する建築物、道路、公園及び駐車場（文化財、仮設建築物、伝統的建築物群は除く）
整備基準	①都市施設に適用する整備基準を規定（不特定多数の人が利用する部分） ②整備基準の適用除外について 基準に適合させる場合と同等以上に安全・容易に利用できる場合、規模・構造及び利用の目的、地形及び敷地の状況、沿道の利用状況、又は事業者の負担の程度等により基準適合困難な場合はこの限りでない
維持保全者等	①整備基準適合施設の機能維持 ②基準に適合させるまでの間の配慮 ③障害者等の利用を妨げる行為の禁止
整備基準適合証の交付　（適合証交付制度は2009（平成21）年度に廃止）	

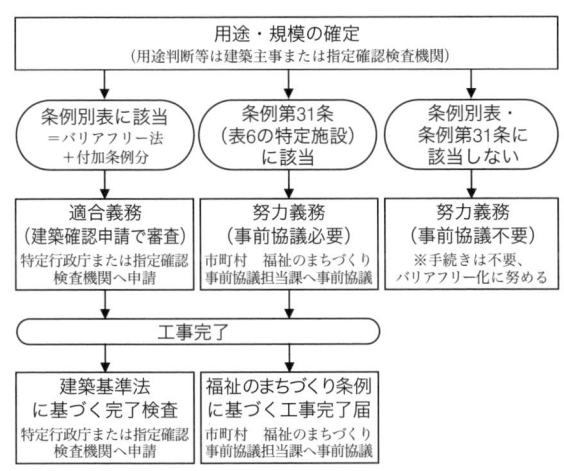

図2・1 福祉のまちづくり条例とバリアフリー法（付加条例を含む）

た課題の1つである（図2・1）。

2 バリアフリー法

バリアフリー法は、男女共同参画の推進や国際化の流れを受け、2005年、「どこでも、だれでも、自由に、使いやすく」というユニバーサルデザイン（以降、UD）の考え方を踏まえてまとめられた「ユニバーサルデザイン政策大綱」によって新たな法制度として登場した。過去、交通バリアフリー法とハートビル法が個々ばらばらに運用されてきた状況を反省し、市民生活の連続性を担保するためには、BFを一体的、総合的な観点で整備、推進しなければならないことの重要性が確認されたのである。

①法の概要

法（図2・2 正式名称：高齢者、障害者等の移動等の円滑化の促進に関する法律）の役割は、①主務大臣による基本方針の決定、②旅客施設、建築物等の構造および設備の基準の策定、③市町村がBF基本構想と重点整備地区を策定し、旅客施設、建築物等およびこれらの間の経路（道路）の一体的な整備を推進することである。そのためには、住民等関係者の参画が必要であり、特に高齢者、障害者等関係

表2・2 大阪府福祉のまちづくり条例対象施設（事前協議が必要な「特定施設」の範囲）

用途等	規模	事前協議先
学校、	全て対象	市町村
博物館、美術館、図書館		
病院、診療所、公会堂、集会場（注1）		
児童・老人福祉施設、		
火葬場		
飲食店、物品販売業を営む店舗（給油所含む）自動車修理工場	200m²を超えるもの	
劇場、映画館、演芸場、観覧場、展示場	500m²を超えるもの	
体育館、ボーリング場、スキー場、スケート場、水泳場、スポーツの練習場	1000m²を超えるもの	
遊技場、公衆浴場、		
ホテル、旅館		
共同住宅	50戸を超えるもの又は2000m²を超えるもの	
官公庁舎等	全て対象	
電気事業、ガス事業、電気通信事業の営業所		
銀行、信用金庫、信用組合、農協等		
証券会社、貸金業営業所		
公衆便所、集会場（注2）		
理・美容所、クリーニング取次所	50m²を超えるもの	
質屋、宅建業営業所、旅行業等営業所、チケット販売店、貸衣装店、貸本屋等	100m²を超えるもの	
コンビニエンスストア		
神社、寺院、教会	300m²を超えるもの	
冠婚葬祭施設、事務所	500m²を超えるもの	
ダンスホール、自動車教習所	1000m²を超えるもの	
寄宿舎	50戸を超えるもの又は2000m²を超えるもの	
工場	3000m²を超えるもの	
旅客施設、地下街、遊園地、動物園、植物園	全て対象	大阪府
道路、都市公園、都市計画第33条に基づく開発公園、港湾緑地 公衆の利用のため整備される海岸保全施設		
駐車場（駐車場法第12条の届出対象施設）	全て対象	＊

注1）最大の一室の床面積が200m²以上のもの
注2）最大の一室の床面積が200m²未満のもの
注3）＊印は、大阪市、堺市以外の市町村については大阪府

当事者の参画が不可欠と法にもとづく基本方針で記されている。

住民参加という枠組みが、福祉のまちづくりが70年代初頭に生まれてから40数年を経過し、国の法に明記されたことは画期的なことと言ってよい。

法にもとづく基本方針では次のように記されている。「国、地方公共団体が力を合わせて、高齢者、障害者等、施設設置管理者その他の関係者が互いに連携協力しつつ移動等円滑化を総合的かつ計画的に推進していく」（要約）とある。2011年3月に改訂さ

高齢者や障害者などの自立した日常生活や社会生活を確保するために、
・旅客施設・車両等、道路、路外駐車場、都市公園、建築物に対して、バリアフリー化基準（移動等円滑化基準）への適合を求めるとともに、
・駅を中心とした地区や、高齢者や障害者などが利用する施設が集中する地区（重点整備地区）において、住民参加による重点的かつ一体的なバリアフリー化を進めるための措置などを定めています。

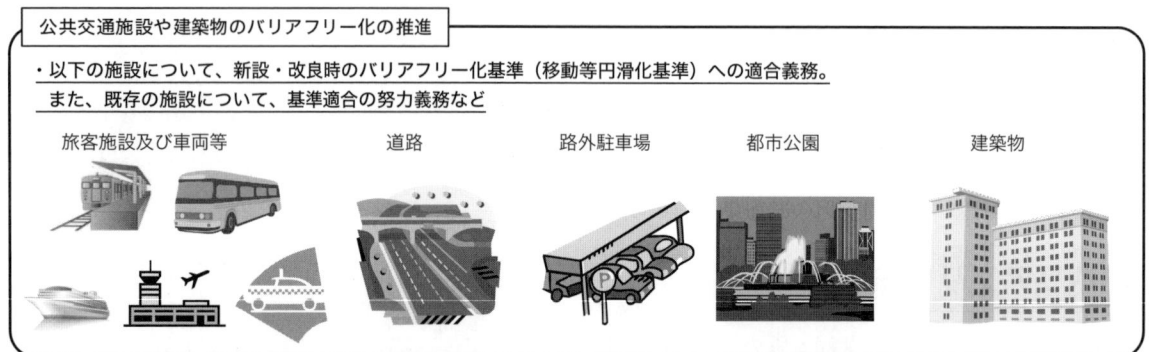

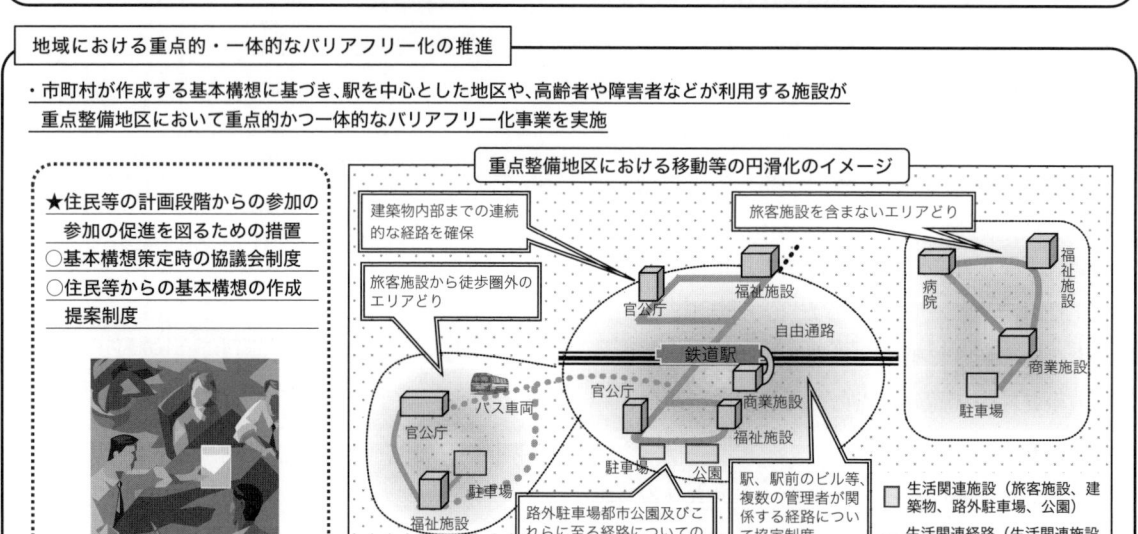

公共交通施設や建築物のバリアフリー化の推進

・以下の施設について、新設・改良時のバリアフリー化基準（移動等円滑化基準）への適合義務。
また、既存の施設について、基準適合の努力義務など

旅客施設及び車両等　　道路　　路外駐車場　　都市公園　　建築物

地域における重点的・一体的なバリアフリー化の推進

・市町村が作成する基本構想に基づき、駅を中心とした地区や、高齢者や障害者などが利用する施設が
　重点整備地区において重点的かつ一体的なバリアフリー化事業を実施

★住民等の計画段階からの参加の参加の促進を図るための措置
○基本構想策定時の協議会制度
○住民等からの基本構想の作成提案制度

重点整備地区における移動等の円滑化のイメージ

心のバリアフリーの推進

バリアフリー化の促進に関する国民の理解・協力の促進等
バリアフリー基本構想における教育啓発特定事業

図2・2　バリアフリー法の概要（出典：国土交通省HP）

れたBF推進の目標（2020年度まで）が表2·3である。旅客施設関係では1日の平均乗降客数3000人以上の施設が対象となる。これにより全国の過半の駅舎の改善が見込まれるとされる。

②法の対象

法の目的とする施策の対象者については、ハートビル法、交通バリアフリー法では、「高齢者、身体障害者等」と定めていた。法では、「高齢者、障害者等」とし、身体障害者のみならず、知的障害者、精神障害者および発達障害者を含むすべての日常生活または社会生活に身体の機能上の制限を受けるものを対象としている。当然ではあるが、「障害者等」の「等」には、妊産婦、けが人等が含まれており、UDの対象領域とも多くが重なっている。

1 バリアフリー法にもとづく建築物整備

道路、交通機関と異なり、建築物においては圧倒的多くの建築物が民間事業者によるものであり、またその用途、規模も多岐にわたることから、建築物移動等円滑化基準（以降、建築物円滑化基準）を一つひとつの建築物に適合させて整備することが基本となる。その上で、地域のまちづくり計画に合致させながら、BF基本構想を活用した計画的、面的整備により利用、移動の連続性を図ることとなる。

①建築物のBF化に関わる基本用語

a) 2000m² 以上の特別特定建築物：病院、百貨店、官公署、福祉施設、飲食店その他の不特定多数の者または主として高齢者、障害者等が利用する法第5条に定める建築物で、床面積（増築もしくは改築または用途変更の場合にあっては、その部分の床面積）の合計が2000m²（公衆便所にあっては50m²）以上の施設がBF義務化となる範囲である。また、地方公共団体が定めるバリアフリー条例で特別特定建築物に特定建築物を追加すること、また、対象規模を床面積の合計2000m²未満（公衆便所は50m²未満）に引き下げることが可能である。

表2·3 バリアフリー法の整備目標（バリアフリー法にもとづく基本方針、2020（H32）年度までの目標）

1 旅客施設		
平均利用者数3000人/日以上のすべての鉄軌道駅、バスターミナル、旅客船ターミナル及び航空旅客ターミナルを対象 （1）段差の解消、（2）視覚障害者誘導用ブロックの整備、（3）障害者用トイレの設置等のバリアフリー化を実施。ホームドア又は可動式ホーム柵については、優先的に整備すべき駅を検討し、設置を促進		
2 車両等		
車両等の種類		車両等の総数	バリアフリー化される車両等の数
鉄軌道車両		約5万2000	約3万6400（約70%）
乗合バス	ノンステップバス	約5万	約3万5000（約70%）
	リフト付きバス等	約1万	約2500（約25%）
タクシー車両		（約2万8000台の福祉タクシーを導入）
旅客船		約800	約400（約50%）
航空機		約530	約480（約90%）
3 道路		
原則として重点整備地区内の主要な生活関連経路を構成するすべての道路のバリアフリー化		
4 都市公園		
（1）園路及び広場　約60% （2）駐車場　約60% （3）便所　約45%		
5 路外駐車場		
特定路外駐車場の約70%		
6 建築物		
2000m²以上の特別特定建築物の総ストックの約60%		

b) 特別特定建築物：病院、百貨店、官公署、福祉施設、飲食店その他の不特定多数の者または主として高齢者、障害者等が利用する建築物で、政令第5条に定めている。

c) 特定建築物：学校、病院、劇場、観覧場、集会場、展示場、百貨店、ホテル、事務所、共同住宅、老人ホームその他の多数の者が利用する建築物で、政令第4条で定めている。

d) 建築物特定施設：出入口、廊下等、階段（その踊場を含む）、傾斜路（その踊場を含む）、エレベーターその他の昇降機、便所、ホテルまたは旅館の客室、敷地内の通路、駐車場および浴室またはシャワー室で、政令第6条で定めている。

表2・4　基準適合義務の範囲

	基準適合の義務	基準適合の努力義務
法14条、16条により建築物移動等円滑化基準が適用される対象	2000m²以上の特別特定建築物（新築、増築、改築、用途変更時） 50m²以上の公衆便所	特別特定建築物（左記を除く） 特別特定建築物を除く特定建築物（新築・増築・改築・用途変更時） 特定建築物の建築物特定施設（修繕・模様替時）

②建築物円滑化基準等

　建築物円滑化基準とは、政令第10条から第23条までで定める移動等円滑化のために必要な建築物特定施設の構造および配置に関する基準である。

　法の委任により地方公共団体が独自に制定した特別特定建築物の追加や規模の引き下げに関わる付加基準も同様である。

③建築物円滑化基準の適合範囲

　建築主や施設管理者は、特別特定建築物を政省令において定めるBF基準に適合させる義務を負っている。また、既存の施設等についてもBF基準に適合させる努力義務が課されている。当然であるが建築主や施設管理者はBF化された施設、設備の円滑な維持管理に努めなければならない。建築物のBF化の義務基準（建築物円滑化基準）は表2・4にある2000m²以上の特別特定建築物である。原則として、新築の不特定多数もしくは高齢者、障害者等が主として利用する建築物である。公衆便所のみ実際的な現状に合わせて50m²以上を適合義務としている。

　また、特定の施設用途別では、特に宿泊施設の客室総数50室以上に対して1室以上の車いす使用者用客室を整備しなければならないこと、便所に対しては、オストメイト対応水洗設備を1以上整備することが義務づけられている。

④罰則規定

　法では、施設管理者への責務が強化され、施設整備時における遵守だけではなく良好な状態での施設の維持・管理が求められている。建築主に対する法令違反の罰則規定としては、建築物円滑化基準を遵守しない法令違反、命令違反に対して300万円以下の罰金が科される。

2　バリアフリー法にもとづく交通施設等の整備

①施設設置管理者の基準適合義務

　対象施設である旅客施設と車両、道路、路外駐車場、公園施設の各施設設置管理者はこれらの施設を新設または大改良する時に、施設ごとのBF基準に適合させることが義務づけられている。また、既存の各施設については基準に適合させるための努力義務が課せられている。

②重点整備地区の指定と基本構想作成

　高齢者や障害者が日常生活または社会生活において利用する旅客施設、官公庁施設、福祉施設などの施設をまとめて「生活関連施設」と定義する。市町村は、次に掲げる要件に該当する地区を「重点整備地区」に指定し、地区内をどのように連続的にBF化するか等基本的事項を定めた「基本構想」を作成することができる。

- 生活関連施設を含み、かつ、それらの施設相互間の移動が通常徒歩でおこなわれる地区
- 生活関連施設と施設相互間の経路（これを「生活関連経路」という）を構成する一般交通用施設（道路、駅前広場、通路その他の一般交通の用に供する施設）について、BF化のための事業が実施されることが特に必要であると認められる地区
- BF化のための事業を重点的かつ一体的に実施することが、総合的な都市機能の増進を図る上で有効かつ適切であると認められる地区

③特定事業計画の実施

　基本構想にもとづいて、公共交通事業者、道路管理者、路外駐車場管理者、公園管理者の各施設設置管理者、建築主はそれぞれ特定事業計画を作成し、

この計画にもとづいて BF 化を図ることを目的とした特定事業が実施される。

ここで、特定事業には、以下のものがある。

公共交通特定事業：特定旅客施設内において実施するエレベーター、エスカレーターなどの設備整備事業、低床化等の車両整備事業

道路特定事業：歩道、道路用エレベーター、通行経路の案内標識等の設置事業並びに歩道の拡幅または路面の構造の改善等の道路構造改良事業

路外駐車場特定事業：面積が 500m² 以上の有料駐車場で、車いす使用者が円滑に利用することができるための整備事業

都市公園特定事業：都市公園の移動等円滑化のために必要な整備事業

建築物特定事業：特別特定建築物の建築物特定施設整備事業並びに特定建築物の生活関連経路の BF 化のために必要な建築物特定施設整備事業

交通安全特定事業：公安委員会が実施する事業で、信号機や道路標識、道路標示の設置事業並びに生活関連経路での違法駐車行為の防止のための活動

④移動等円滑化経路協定

基本構想に位置づけられた重点整備地区内の土地の所有者は、当該地区における BF 化のための経路の整備または管理に関する事項を定める移動等円滑化経路協定を締結することができる。その際、協定は市町村長の認可を受けなければならない。これは、重点整備地区内の駅や駅前ビル等複数管理者が関係する経路にある建物のエレベーター利用に関する協定を締結する等の例が想定されている。

⑤罰則規定

法では、基本構想にもとづく特定事業の実施を担保するため施設設置管理者（交通、駐車場、公園）に対して勧告、命令し、交通、駐車場の施設設置管理者が命令に違反した際は 300 万円以下の罰金を科すことができる。

3 地域独自に付加するバリアフリー条例

①建築物バリアフリー条例の目的

利用者からの法への批判としては、既存建築物への対応が不十分であることや整備義務化すべき対象施設（用途、規模）を拡大すべきではないかという指摘である。

そこで法 14 条 3 項で、地方公共団体が地域の実情に応じて、独自に BF 対象施設の拡大や施設面積規模を小さくする等ができる付加条項（委任条例）を設けている。国が一律に決める BF の義務基準の対象は 2000m² 規模以上の特別特定建築物の範囲にとどまっているので、それ以外は地方公共団体の実情によって柔軟に適合義務対象施設、適合義務基準を定められる制度としている。なおこの条項は 2002 年ハートビル法の改正時に追加されたものである。

ただし、地方公共団体が付加できる範囲は、

①努力義務とされる特定建築物を特別特定建築物へ変更すること

②2000m² 以上の建築面積を 2000m² 以下に引き下げること

③特定施設の BF 基準の内容を追加（強化または緩和）すること

である。

いずれも建築基準法と同等の義務化法令として適用される。したがって、地方公共団体が独自に制定したものの、BF 整備を義務化できない範囲をも対象とする福祉のまちづくり条例と連動することができれば、より一層地域の BF 整備が強化されることになる。

②建築物バリアフリー条例の概要

ここでは、一例として東京都の建築物バリアフリー条例を紹介し、その特徴を見る（表 2・5）。

東京都では、法にもとづき、以下のような付加条例（2006 年改正）を制定している。

①義務づけ対象とする用途の拡大

法の対象に加えて共同住宅、学校、保育所、福祉

ホーム、料理店、複合建築物（テナント等個々の用途は小さいが合計の床面積が2000m²以上のもの）を追加し、不特定多数から特定多数の人が利用する施設に拡大を図っている。この追加範囲は他の自治体でもほぼ同様である。

表2・5　東京都バリアフリー条例の概要
名称：高齢者、障害者等が利用しやすい建築物の整備に関する条例（建築物バリアフリー条例、2006年改訂）
〈対象建築物の拡充〉

特別特定建築物	床面積の合計
学校	特になし
病院又は診療所（患者の収容施設を有するものに限る）	
集会場（一の集会室の床面積が200m²を超えるものに限る）又は公会堂	
保健所、税務署その他不特定かつ多数の者が利用する官公署	
老人ホーム、保育所、福祉ホームその他これらに類するもの	
老人福祉センター、児童厚生施設、身体障害者福祉センターその他これらに類するもの	
博物館、美術館又は図書館	
車両の停車場又は船舶若しくは航空機の発着場を構成する建築物で旅客の乗降又は待合いの用に供するもの	
公衆便所	
診療所（患者の収容施設を有しないものに限る）	500m²以上
百貨店、マーケットその他の物品販売業を営む店舗	
飲食店	
郵便局又は理髪店、クリーニング取次店、質屋、貸衣装屋、銀行その他これらに類するサービス業を営む店舗	
自動車の停留又は駐車のための施設（一般公共の用に供されるものに限る）	
劇場、観覧場、映画館又は演芸場	1000m²以上
集会場（すべての集会室の床面積が200m²以下のものに限る）	
展示場	
ホテル又は旅館	
体育館、水泳場、ボーリング場その他これらに類する運動施設又は遊技場	
公衆浴場	
料理店	
共同住宅	2000m²以上

備考：床面積の合計の欄に定めのない特別特定建築物は、規模にかかわらず、建築物移動等円滑化基準に適合させなければならないものとする

②対象規模の引き下げ

BF化の義務づけ対象規模2000m²の要件を引き下げて特別特定建築物の用途に応じて、ア）規模にかかわらず、イ）500m²以上、ウ）1000m²以上の3区分とした。東京都以外の自治体もほぼこれと同様な措置がとられている。

③整備基準の強化

東京都では特別特定建築物に組み込んだ共同住宅で独自の特定経路を設け、廊下等通路幅員を120cm以上とし、出入口幅員は80cmとした。共同住宅以外では玄関出入口幅員100cm以上、居室出入口幅員85cm以上、通路幅員を140cm以上、階段幅員120cm以上、蹴上18cm以下、傾斜路は屋外1/20以下、屋内1/12以下と拡充している。また、子育て環境支援策を積極的に設けて面積に応じて乳児用いす、ベッド、授乳室の設置等を盛り込んだ。これら子育て支援環境設備の強化は、他の自治体でも同様であり、付加条例の目玉となっている。

❸道路等の整備基準の条例化

地方分権の流れが進み、第一次・第二次一括法（2011年）の施行により、国の政令（内閣が制定する命令）や省令（各省大臣が制定する命令）の内容は、地方公共団体の議会で制定された条例により定められることとなった（条例委任）。

都道府県道および市町村道の構造の技術的基準は、道路構造令（政令）で定める一般的技術基準を参考にして、当該道路の道路管理者である地方公共団体の条例で定める。十分に参照した結果であれば、地域の実情に応じて異なる内容を定めることもできる。幅員、勾配、舗装構造等について独自規定を定めた事例がある。なお、国道は今までどおり政令に従う。

また、「道路移動等円滑化基準」は、国土交通省令により定められていたが、この省令を参考にして地方公共団体の条例として定めることとなった。なお、国道は省令に従う。

「都市公園移動等円滑化基準」も道路と同様な状況

である。「信号機等移動等円滑化基準」は国家公安委員会規則で定められているが、これを参考にして都道府県条例が定められ、運用されていく。新しいタイプの信号機の設置が可能となった。

4 これからのBF環境整備のための法制度

福祉のまちづくり条例、法、および建築物バリアフリー条例等は、個々の成立経緯が異なり、適用方法が異なるものの、わが国における福祉のまちづくり、BF、UD環境を推進するための重要な法制度であることには間違いない。

そのねらいは障害があるなしにかかわらず、分け隔てのない公平な環境づくり(共生社会)にある。少なくともこれらの法制度を遵守することにより、誰もが気兼ねなく利用できる移動、建築、まちの環境に一歩近づくことができる。

そして、魅力ある都市環境や建築環境を構築するためには、これら法制度を基本にしながらも、計画者、設計者の工夫がなによりも大切である。利用者一人ひとりのニーズを適切に把握しながら、利用者をはじめ多くの関係者の経験を集積してBF環境整備のシステムやデザイン表現を工夫したい。そのことによって各種法基準がデザインを妨げるものではないことが理解されるであろう。

繰り返すが、住みやすい、移動しやすい環境は、道路や交通機関、建築物がバラバラに整備されてはいけない。各種施設までのアクセスおよび施設内での移動、利用に過度の負担がないこと、必要な利用情報がスムーズに入手できること、加えて困った時の人的サポート体制、災害時の備え、良好な状態での施設の維持管理体制が重要となる。

参考文献
1) 国土交通省『バリアフリー法施行状況検討結果報告書』2012
2) 国土交通省『高齢者、障害者の円滑な移動等に配慮した建築設計標準』2012
3) 東京都『建築物バリアフリー条例』2006
4) 埼玉県『福祉のまちづくり条例設計ガイドブック』2005
5) 大阪府『福祉のまちづくり条例(逐条解説)』2013
6) 横浜市『福祉のまちづくり条例施行規則改正案』2012

3章 交通施設
―施設・システム・サービスの整備―

POINT 交通施設のあり方について福祉のまちづくりの視点から考える。現代都市では都市内を移動することにより人の生活が成り立つ。そのために各種交通施設はそれを必要とする人びとのニーズに合わせた整備が必要である。3章では主に公共交通機関について述べ、道路等については4章で述べる。

1 福祉のまちづくりにおける交通施設の位置づけ

1 都市生活と交通

都市とは財・サービスの交換の場であり、人びとの交流の場である。かつての農村社会で行われていた自給自足の生活は減少し、現代社会の生活の基本は財・サービスの交換を前提とした都市社会である。その内容は、災害を受けにくく移動のしやすい場所に適度な人口密度で居住し、住居とは離れた生産の場で労働を提供して賃金を得て、商店等で財・サービスを購入するものである。時には、医療施設での治療や、レジャー施設での娯楽も必要である。

この都市生活を支えるためには、適切な交通手段を利用できることが必要である。交通手段とは、人が自ら歩くこと（徒歩）、自転車・自動車等の交通機器を操作して道路上を移動すること、交通事業者が運営する鉄道やバスに乗車して移動すること、等の総称である。よって、個人の努力で実現する交通手段と、社会的な対応がなければ利用できない交通手段がある。実際は民間の交通事業者も多いが、その経営は決して順調とは言えず、行政からの支援（補助金や特例）を受けなければ交通サービス（人やものを隔地へ運ぶこと）を提供し続けることは困難な状況が課題としてある。

交通の要素として次の3項目を考えることが多い。①交通主体、②交通具、③交通路である。

交通主体とは交通によって動く人やものである。ここでは人について考える。人には個人差がある。それは、身体の大きさや歩行能力の差だけでなく、自動車の運転能力や行動の判断能力にも差が見られる。また、経済条件（例えば所得や資産の有無）や社会条件（例えば職業の有無）、家族条件（例えば子どもの有無）からも個人差が見られる。時には嗜好の違い（例えば自転車愛好家）による差を取り上げることもある。福祉のまちづくりを考えるに当たっては、個人差の発生要因を吟味し、交通をしたいけれどもできないという状況をつくらないようにしなければならない。

交通具とは交通を援助する道具である。自転車、自動車、電車の車両等のいわゆる狭い意味での「乗り物」に当たる。さらに、歩行支援機器（例えばシルバーカート）や、情報収集のための機器（例えば乗り換えの案内情報を検索できるモバイル装置）もこの中に加えてもよい。ただし、義足等の補装具は貸し借り等の交替で利用するものではないので、上述の交通主体の特性（身体の一部）として考えたほうがよいだろう。

交通路とは交通施設のことをいう。具体的には、道路、鉄道線路のような線状の施設と、駅、港、空港のような乗降場所の施設（広域的な視点からは点状の施設である）がある。その整備は、国等の公的

機関が整備するものと、交通事業者等の民間企業が整備するものがある。いずれも、利用者にとって安全、安心、快適であり、その周囲に対しても悪影響を及ぼさないことが重要である。

交通とは上記の3要素の総合により成り立つ。よって、福祉のまちづくりにおいてもそれぞれ別個に考えるのではなく、例えば、歩行能力が限られた人に対しても、その人の都市生活の目的を達成することに必要な交通のあり方を考えて、その人に合致した交通具と交通路を整備すべきである。

2 交通システム整備

ここでは、交通の3要素の内、交通具と交通路で構成される交通システムについて考える。交通路は線状の施設であるが、さらにそれを拡げて網状に張り巡らす必要がある。これを交通ネットワークという。民間企業だけがそのすべてを準備することはできない。よって、公的な立場からネットワークのあり方を検討し、整備計画としてまとめる。それにもとづき、交通事業者（自治体が経営する公的企業、民間企業、さらに第3セクターと呼ばれる官民共同出資の企業がある）が各路線を担当する。施設の建設と交通サービス提供とを分離する場合もある。

交通具と交通路はその組み合わせが決まっている場合も多い。鉄道を取り上げると、左右のレールの内側の幅を軌間といい、この幅は種々存在する。軌間が1435mmのものとして、JRの新幹線、関西の私鉄、路面電車、多くの地下鉄等があげられる。一方、JRの在来線等では軌間が1067mmであり、京王電鉄等では1372mmである。これらの線路に合わせて車両は製造されており、軌間の異なる線路を行き来することは基本的にはできないが、軌間可変電車という技術開発が進行中である。

点状の交通路（ターミナルと呼ぶことも多い）として鉄道駅がある。駅は利用者の乗降場所であるので、車両への乗降が安全で円滑におこなわれなければ

ばならない。また、駅の周辺地区との連続性も重要である。そのために駅前広場を設置する。駅前広場は交通広場ともいい、駅前に集中する大量の交通を円滑にさばくとともに交通機関相互の乗り継ぎの利便性を増進する。また、都市の顔としてその美観（都市美観）に配慮することも多い。さらに、防災空間（避難、緊急活動の拠点となる）という位置づけもなされる。

交通施設は、交通という行為に対して適切であること、都市全体から見た位置づけ、防災等の非常事態への対応も考えて整備が図られなければならない。当然ながら、福祉のまちづくりの視点からは、駅の利用者のニーズは多様であり、非常時も含めた適切な対応が求められている。

なお、バリアフリー法（以降、法）にもとづく「移動等円滑化の促進に関する基本方針」が2011（平成23）年に改正され、2020（平成32）年度末までの新たな移動等円滑化の目標が示された。移動等円滑化の対象旅客施設を1日平均利用者数3000人以上に拡大すること、ホームドア・可動式ホーム柵の可能な限りの設置を促進すること、鉄軌道車両の移動円滑化を70％、ノンステップバスの導入を70％、福祉タクシー車両の導入を2万8000台等の目標が示されている。達成可能なところでは目標値を超える積極的な整備が望まれる。

また、利用者数の特に多い旅客施設、複数の路線が入る旅客施設、複数事業者の旅客施設が存在する施設、旅客施設以外の施設との複合施設等では、利用者数の規模や空間の複雑さ等を勘案して、特別な配慮をおこなうことが求められる。

2 ターミナルの整備

1 共通事項

ターミナルには鉄道駅、バスターミナル、旅客線ターミナル等がある。さらに、旅客施設ごとの整備

上の留意点がある。

まず、各種の旅客交通施設の移動等円滑化に当たっては、表3・1に示す共通原則を考える。これは、利用者側の視点に立ったものである。

さらに、個々の旅客交通施設空間においては、それぞれの条件に応じて具体的な整備ガイドラインがまとめられている。これにもとづき適切な施設整備をおこなうことが望まれる。

「原則Ⅰ 移動しやすい経路」を達成するためには、まず、移動経路の全体的に考えることが重要であるが、表3・1に示す経路の部分部分においても十分な配慮が必要である。

「原則Ⅱ わかりやすい誘導案内設備」を達成するためには、視覚障害者、聴覚障害者、知的障害者、発達障害者等の多様な人びとに適切に対応することが必要である。視覚障害者にとっては聴覚情報（耳で聞く情報）や触覚情報（触って知る情報）が重要であり、聴覚障害者にとっては視覚情報（眼で見る情報）が有効である。さらに、知的障害者、発達障害者等の複雑な情報が理解できない人や、日本語の読めない外国人等に対しては、文字情報ではなく絵による情報（ピクトグラム）を用いて利用者にとって必要な情報が伝えるべきである。

「原則Ⅲ 使いやすい施設・設備」を達成するためには、施設・誘導案内設備の整備においては、表3・1に示す諸設備を適切に配置する必要がある。

これらは、各々の設備を作成する時にユニバーサルデザイン（以降、UD）として設計し、製作されていることが必要である。しかし、旅客施設内に設置した時に、各設備との間に使用方法の食い違いが発生することもある。よって、個々の設備だけでの良否の判断に加え、旅客施設内に配置された状況を検討しておく必要がある。

2 鉄軌道駅の整備
①鉄軌道とその駅

ここで、鉄軌道とは鉄道と軌道を合わせた表現である。鉄道と軌道は共に平行して設置された2本のレール上を専用の車両が走行するものである。日本の法律では、鉄道は鉄道事業法で、軌道は軌道法でそれぞれ管理されている。鉄道は専用の走行空間をもつのに対して、軌道は道路上にレールを設置すること（例えば路面電車）が原則である。しかし、この定義に当てはまらない交通機関（地下鉄、新交通システム、モノレール等）が現れ、一方で利用者にとっては特に区別する必要もないので、両者を合わせて鉄軌道ということが多い。法律上の表現にこだわらなければ鉄道という表現を用いても構わない。本書では鉄軌道と表現する。

鉄軌道には駅を設置し、旅客はそこでのみ乗降する。よって、鉄軌道のBFを考慮する際には、駅と車両が重要な要素になる。ここでは駅について述べることとし、車両については、本章3節で述べる。

表3・1 旅客交通施設の移動等円滑化の共通原則（出典：バリアフリー整備ガイドライン）

原則	内容	具体的な検討が必要な内容
Ⅰ 移動しやすい経路	高齢者、障害者等が旅客交通施設を安全に無理なく移動できるよう、可能な限り最短距離で、かつ、わかりやすい経路を構成すること	①移動等円滑化された経路 ②公共用通路との出入口 ③乗車券等販売所・待合所・案内所の出入口 ④通路 ⑤傾斜路（スロープ） ⑥階段 ⑦昇降機（エレベーター） ⑧エスカレーター
Ⅱ わかりやすい誘導案内設備	旅客交通施設内において、高齢者、障害者等の移動を支援するため、わかりやすく空間を整備するとともに、適切な誘導案内用設備を設置すること	①視覚表示設備 ②視覚障害者誘導案内用設備 ③音声誘導 ④多国語対応 ⑤ピクトグラム
Ⅲ 使いやすい施設・設備	旅客交通施設内の施設・設備は、高齢者、障害者等が安全に、かつ、容易に利用できるものであること。また、これらの施設・設備には、容易にアクセスできること	①トイレ ②乗車券等販売所・待合所・案内所 ③券売機 ④休憩等のための設備 ⑤その他の設備

駅は、乗車券を確認する場所（改札口）と車両への乗降する場所（プラットホーム、単にホームということも多い）についてBF整備が必要である。移動経路全体での配慮事項としては、エレベーター、緩やかな傾斜路等により段差解消を図ることである。また、階段については、高齢者や杖使用者、視覚障害者等の円滑な利用に配慮し、手すりを設置することも必要である。

②乗車券の購入の円滑化

鉄軌道を利用するためには目的地までの乗車券を正しく購入する必要がある。駅員がいるところでは、駅員に対して乗車券の種類（いつ、どこからどこへ、特急かどうか、どのような座席指定か、禁煙・喫煙、各種割引の有無）を説明して購入する。自動券売機・精算機があれば、機械を相手に必要な操作をおこなう必要がある。ここで、正しくコミュニケーションや操作ができれば問題ないが、それが困難な旅客の場合には、適切な対応が必要である。

車いす使用者にとっては、駅員と対面する時の高さの配慮が必要であり、また、自動券売機・精算機の利用に当たっても操作できるような高さに操作ボタン等があることが必要である。視覚障害者にとってはまず触知地図による駅全体の案内が必要であり、窓口や自動券売機・精算機までの誘導と点字表示が必要である。視覚障害者にはタッチパネル式の機器は使用できないので、触覚を感じるボタンによる操作を可能にしておく必要がある（図3・1）。

聴覚障害や言語障害のある旅客に対しては、筆談による対応が有効である。日本語でのコミュニケーションが不得意な旅客に対しても筆談やメモは有効である。

③誘導案内設備の配慮事項

視覚障害者のために出入口から乗降位置まで視覚障害者誘導用ブロックを敷設する。また、車両等の運行の異常に関連して、遅れ状況、遅延理由、運転再開予定、到着予定時刻等の音声による情報提供をおこなう。しかし、音声情報だけでは不十分であり、上記情報を常時確認できるように、また、聴覚障害者にも配慮するために文字表示（電光掲示や手書きの案内）による情報提供をしたり、インターネットや通信回線等を活用した文字情報提供をしたりする。

④円滑な改札口の整備

改札口を設置せずに旅客を乗降させる駅もある。例えば、車掌等が乗車券の確認・回収をする場合（車内改札という）や、そもそも改札口を設置しない鉄道（ヨーロッパの鉄道等）もある。また、有人改札口（駅員が乗車券の確認、回収をおこなう）と自動改札口（機械による乗車券の確認、回収）があり、両者が混在する駅もある。

改札口を車いす使用者が通過する場合、既設の幅では利用が困難な場合が多く、荷物等の搬入口等を利用し特別なルートで移動している例もあるが、一般の旅客と同様に改札口を利用できることが望ましい。また、改札機の自動化が進んでいるが高齢者や視覚障害者、妊産婦等にとって利用困難な場合があるため有人改札口を併設することが望ましい。

改札口は、視覚障害者が鉄軌道を利用する際の起終点となる場所であるとともに、駅員とコミュニケーションを図り、人的サポートを求めることのできる場所でもあることに配慮し、その位置を知らせる音響案内を設置する。

図3・1　傾斜型自動券売機・精算機（名古屋市営地下鉄）
車いす使用者や高齢者向けに現金投入口が低く、視聴覚障害者向けに音声案内や数字入力キーが整備されている。

⑤安全・安心・快適なプラットホームの整備

　プラットホームにおいては、転落防止のための措置を重点的におこなう必要がある。特に視覚障害者の転落防止の観点から、ホームドア、可動式ホーム柵、ホーム縁端警告ブロック、点状ブロック等の措置を講ずる必要がある。

　プラットホームと列車の段差を可能な限り平らにし、隙間を小さくする。そのためには、新設駅や大規模改良駅においては、その立地条件を十分に勘案し、可能な限りプラットホームを直線に近づける配慮が必要である。やむをえず段差や隙間が生じる場合は、段差・隙間解消装置や渡り板により対応する。渡り板の傾斜は、乗降時の介助や電動車いすの登坂性能を考慮し、可能な限り10度以下とする。車いす使用者の乗降のための渡り板を施設側・車両側いずれか速やかに設置できる場所に配備する。その場合、迅速に対応できるよう体制を整える必要がある。

　また、地方鉄道等において段差が著しく大きい場合には、①施設側によるホームかさ上げ、②車両側における低床化、③段差解消設備を設ける等により、可能な限り段差解消に努める（図3・2）。

⑥コミュニケーション手段の確保等

　駅員等とコミュニケーションを図ることができるようプラットホームのわかりやすい位置にインターホン等の駅員連絡装置の設置、あるいは携帯電話等により連絡できるようわかりやすい位置に連絡先電話番号等を掲示する。視覚障害者に対するコミュニケーション手段の確保に配慮し、インターホン等の駅員連絡装置を設置する場合には当該場所まで視覚障害者誘導用ブロックを敷設する。また、携帯電話番号を提示する場合にはあらかじめ事業者のホームページ等に連絡先電話番号を示しておくこと（読み上げ対応）等も有効である。また、地域のボランティア等との連携によるコミュニケーション、接遇・介助がおこなわれることも有効と考えられる。

⑦無人駅の対応

　利用者の少ない駅でも駅員を配置することが望ましい。やむをえず無人駅とする場合には、移動経路の配慮、誘導案内設備の配慮、プラットホームの配慮、コミュニケーション手段の確保等のBF整備を積極的に図るべきである。

3　路線バスの乗降場

①バス停留所

　路線バスは、最も身近な交通手段であり高齢者や障害者等にとって利用ニーズが高い。また、ノンステップ車両の普及等により高齢者、障害者等の利用が増加することが予想される。

　路線バスは、旅客の乗降場所が指定されている。それは、道路上の場合もあるし、道路外の場合もある。特に道路上にバス停を設置する場合は、他の車両の妨げとなってはいけないし、乗車待ちの人びとが安全に滞留できる空間が必要である。また、路線バスのバス停のポールから半径10mの道路空間には駐停車禁止という交通規制が課せられる。よって、バス停の位置は道路管理者（市道ならば市役所）と公安委員会（地元の警察署）等とバス会社が協議して決定される。

②バスターミナル

　バスターミナルとは、「旅客の乗降のため、事業用自動車を同時に二両以上停留させることを目的として設置した施設であって、道路の路面その他一般交通の用に供する場所を停留場所として使用するもの以外のもの」として定義（自動車ターミナル法第2

図3・2　ホーム柵（名古屋市営地下鉄桜通線）（左：車両のいない時・乗降の前後、右：乗降時）

条）されている。鉄軌道駅に類似した設備をもつので、BF 化に当たっては鉄軌道駅の整備内容と同様な配慮やノンステップ化が進むバス車両（本章 3 節 3 項参照）との整合性も重要である。

3 車両等の BF 化

1 共通事項

車両等の BF 化に関しては、法（高齢者、障害者等の移動等の円滑化の促進に関する法律）にもとづく義務基準（公共交通移動等円滑化基準（以降、公共交通円滑化基準））において整備内容が明確化されている。

公共交通円滑化基準は、公共交通事業者等が旅客施設や車両等を整備する際に義務基準として遵守すべき内容を示している。対象となる車両等は、鉄道車両・軌道車両、バス車両、福祉タクシー車両、航空機、旅客船である。

車両等を利用する対象者としては、高齢者、障害者等の移動制約者を念頭におきつつ、「どこでも、だれでも、自由に、使いやすく」という UD の考え方にも配慮して、すべての利用者にとって使いやすい車両等となることが期待される。

しかし、公共交通円滑化基準はあくまで最低限の整備基準であり、高齢者・障害者等の円滑な移動または施設の利用（BF 化）を実現するためには、より望ましい車両等の整備方針を明らかにし、当該方針に沿った車両等の整備を促進する必要がある。

一方で、各公共交通機関において、①現状における制約条件や技術開発の動向等を考慮すると比較的容易に実現可能な内容と、②実現に向けた技術開発や制度見直し等検討課題の多い内容に大別できる。

したがって、車両等の整備内容のルール化をおこない、表 3・2 に示すような義務的な「移動等円滑化基準にもとづく整備内容」に留まるのではなく「標準的な内容」と「望ましい内容」に従い、より望ましい車両等の整備方針について検討することがよい。

なお、整備内容は、人間工学、安全性、UD 等に配慮し、可能な限り根拠や背景を示すとともに、その具体的仕様（数値による記述）を設定すべきである。現時点では数値により記述することが困難なものや機能面等の関係から性能的に記述することが望ましいものは、性能による記述を用いることとなる。

上記の整備内容は、「公共交通機関の移動等円滑化整備ガイドライン（旅客施設編・車両等編）」（2013（平成 25）年改訂）として取りまとめられている。このガイドラインの旅客施設編は 1983 年に策定された「公共ターミナルにおける身体障害者用施設整備ガイドライン」以降、4 回の改訂を経たものであり、車両等編は 1990 年に策定された「心身障害者・高齢者のための公共交通機関の車両構造に関するモデルデザイン」以降、3 回の改訂がなされたものである。

2013 年の改訂版は「移動等円滑化の促進に関する基本方針」が 2011 年に改正されたことにもとづき、従前のガイドラインで課題となっていた事項、技術水準の向上によってよりよい整備が可能になった事項、ニーズの変化等を見据え、法のスパイラルアップを具体化するために必要な見直しがなされたものである。なお、改訂作業は、利用当事者、事業者、

表 3・2　整備内容の 3 つのレベル（出典：バリアフリー整備ガイドライン）

レベル	内容
移動等円滑化基準に基づく整備内容（◎）	国土交通省令の移動等円滑化基準とは、公共交通事業者等が旅客施設及び車両等を新たに整備・導入等する際に義務基準として遵守しなければならない内容を示し、この基準に基づく最低限の円滑な移動を実現するための内容
標準的な整備内容（○）	移動等円滑化基準には示されていないが、高齢者や障害者等を含む全ての人が利用しやすい公共交通機関の実現に向けて、社会的な変化や利用者の要請に合わせた整備内容のうち、標準的な整備内容
望ましい整備内容（◇）	上記の「移動等円滑化基準に基づく整備内容」と「標準的な整備内容」の整備を行なったうえで、さらに円滑な移動等を実現するための移動等円滑化や、利用者の利便性・快適性への配慮を行った内容

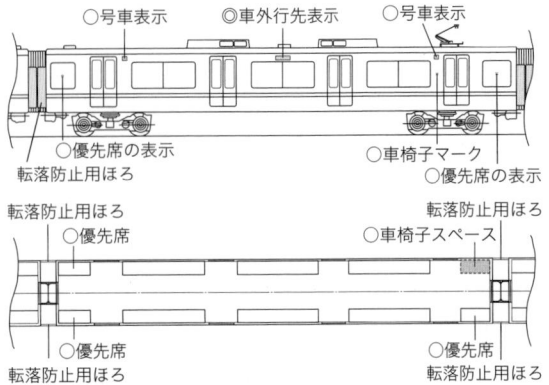

図3·3 通勤型鉄道車両の外観（出典：「バリアフリー整備ガイドライン（車両等編）」（平成25年改訂版）国土交通省総合政策局安心生活政策課監修、公益財団法人交通エコロジー・モビリティ財団、2013）

学識経験者等で構成する検討会での検討やパブリックコメント等を経ている。

以下に、交通機関別に配慮すべき事項とその義務的内容（◎）について表3·1と同様な整理をおこない、その概要を紹介する。標準的な内容（○）と望ましい内容（◇）についても述べているところもある。なお、詳細な内容は「バリアフリー整備ガイドライン（車両等編）」を参照のこと。

2 鉄軌道等の車両

鉄軌道の車両としては、短距離移動の利用者を想定している通勤型の鉄道や地下鉄のタイプと、都市間等の長距離移動の利用者を想定している都市間鉄道では車両の整備内容が異なる。ここでは、通勤型の鉄道や地下鉄における車両のBF化について述べる（図3·3）。座席はロングシートタイプで、乗降口は両引自動ドアで、1車両あたり6〜8カ所（片側3〜4カ所）の車両を想定している。

以下、表3·3に鉄軌道等の車両のBF化に当たっての整備内容を示し、図3·4にその一部を図示する。（◎、○、◇は表3·2に示した記号）

3 バスの車両

バス車両は、都市内路線バスに使用される車両と

表3·3 鉄軌道の車両のBFの主な内容（出典：バリアフリー整備ガイドライン）

箇所・項目	着目点	主な整備内容（◎、○、◇は表3·2に示した記号）
①「原則Ⅰ　移動しやすい経路」を達成するための事項		
乗降口（車外側）	段・隙間（◎）	・車両とプラットホームの段・隙間について、段はできる限り平らに、隙間はできる限り小さいものとする
	乗降口の幅（◎）	・旅客用乗降口のうち1列車に1以上は、有効幅を800mm以上とする
	行き先・車両種別表示（◎）	・車体の側面に、当該車両の行き先及び種別を大きな文字により見やすいように表示。ただし、行き先又は種別が明らかな場合は、この限りでない
乗降口（車内側）	床面の仕上げ（◎）	・旅客用乗降口の床の表面は滑りにくい仕上げがなされたものとする
	乗降口脇の手すり（◎）	・乗降口脇には、高齢者、障害者等が円滑に乗降できるよう、又、立位時に身体を保持しやすいように手すりを設置 ・手すりの高さは、高齢者、障害者、低身長者、小児等に配慮したものとする
	乗降口付近の段の識別（◎）	・段が生じる場合は、段の端部（段鼻部）の全体にわたり十分な太さで周囲の床の色と色の明度、色相又は彩度の差（色の明度、色相又は彩度の差、具体的には輝度コントラスト）を確保し、容易に当該段を識別できるようにする
	号車及び乗降口位置（扉番号）等の点字・文字表示（◎）	・各車両の乗降口の戸又はその付近には、号車及び乗降口位置（扉番号）を文字及び点字（触知による案内を含む。）により表示する。ただし、車両の編成が一定していない等の理由によりやむを得ない場合は、この限りでない（図3·4 ⓐ）
通路（車内）	車いす用設備間の通路幅（◎）	・旅客用乗降口から車いすスペースへの通路のうち1以上、及び車いすスペースから車いすで利用できる構造のトイレ（トイレが設置される場合に限る）への通路のうち1以上は、有効幅800mm以上を確保
車両間転落防止設備	転落防止装置の設置（◎）	・旅客列車の車両の連結部（常時連結している部分に限る）は、プラットホーム上の旅客の転落を防止するため、転落防止用ほろ等転落防止設備を設置。ただし、プラットホームの設備等により旅客が転落するおそれのない場合は、この限りでない（図3·4 ⓑ）
②「原則Ⅱ　わかりやすい誘導案内設備」達成するための事項		
案内表示及び放送（車内）	案内表示装置（LED、液晶等）（◎）	・客室には、次に停車する鉄道駅の駅名その他の当該鉄道車両の運行に関する情報を文字等により表示するための設備を備える（図3·4 ⓒ）

	案内放送装置（◎）	・客室には、次に停車する鉄道駅の駅名その他の当該鉄道車両の運行に関する情報を音声により提供するための車内放送装置を設置 ・旅客用乗降口には、旅客用乗降口の戸の開閉する側を音声により知らせる設備を設置
③「原則Ⅲ 使いやすい施設・設備」を達成するための事項		
優先席等	設置位置（○）	・優先席は、乗降の際の移動距離が短くて済むよう、乗降口の近くに設置する（図3・4 ⓓ）
	優先席の表示（○）	・優先席は、①座席シートを他のシートと異なった配色、柄とする、②優先席付近の吊り手又は通路、壁面等の配色を周囲と異なるものにする等により車内から容易に識別できるものとする、③優先席の背後の窓や見やすい位置に優先席であることを示すステッカーを貼る等により、優先席であることが車内及び車外から容易に識別できるものとし、一般の乗客の協力が得られやすいようにする
手すり	手すりの設置（◎）	・通路及び客室内には手すりを設置する
	つり革（○）	・客室用途と利用者の身長域（特に低身長者）に配慮した高さと配置・握りやすい太さ
	縦手すり（○）	・立位時の姿勢を保持しやすいよう、また、立ち座りしやすいよう、縦手すりを座席への移動や立ち座りが楽にできるような位置に設置 ・縦手すり・横手すりの径は30mm程度（図3・4 ⓔ）
	座席手すり（○）	・クロスシート座席には、座席への移動や立ち座り、立位時の姿勢保持に配慮し、座席肩口に手すり等を設置
車いすスペース	設置数（◎）	・客室には1列車に少なくとも1以上の車いすスペースを設置（図3・4 ⓕ）
	広さ（◎）	・車いす使用者が円滑に利用するために十分な広さを確保
	車いすスペースの表示（◎）	・車いすスペースであることが容易に識別しやすく、かつ、一般の乗客の協力が得られやすいように、車いす用スペースであることを示すマークを車内に掲出
	手すり（◎）	・車いす使用者が握りやすい位置に手すりを設置
	床面の仕上げ（◎）	・床の表面は、滑りにくい仕上げがなされたものであること
トイレ	車いす対応トイレの設置（◎）	・客室にトイレを設置する場合は、1列車に1以上車いすでの円滑な利用に適したトイレを設ける
	車いす対応トイレの出入口の戸の幅（◎）	・車いすでの円滑な利用に適したトイレの出入口の戸の有効幅は、800mm以上

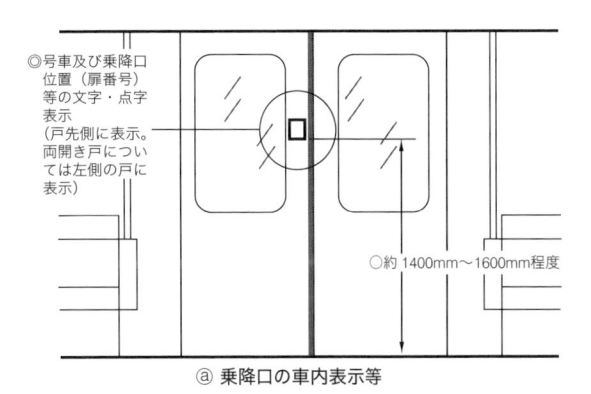

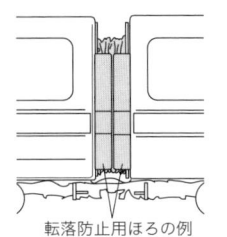

ⓐ 乗降口の車内表示等

ⓑ 連結部の転落防止装置の例
（名古屋市営地下鉄名城線）

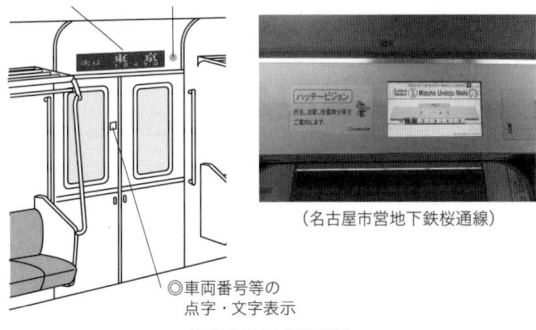

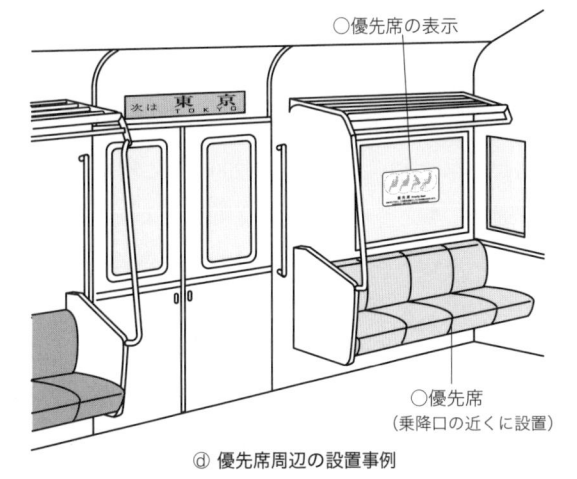

ⓒ 案内装置の設置例
（名古屋市営地下鉄桜通線）

ⓓ 優先席周辺の設置事例

図3・4 鉄軌道車両のBF整備（その1）（出典：前掲書「バリアフリー整備ガイドライン（車両等編）」）

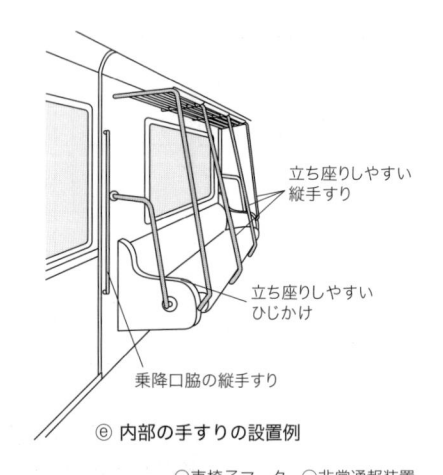

ⓔ 内部の手すりの設置例

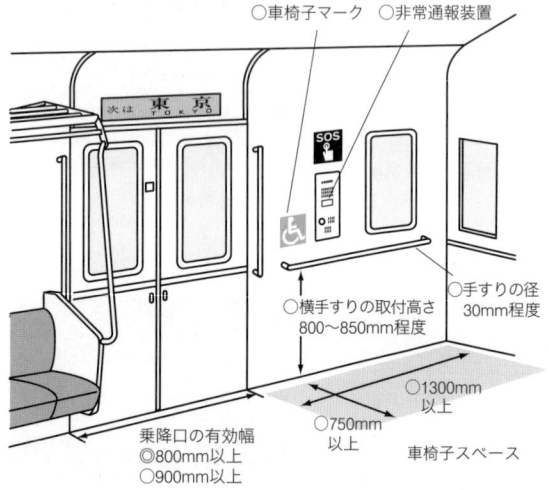

ⓕ 車両内の車いすスペースの設置例

図3・4 鉄軌道車両のBF整備（その2）（出典：前掲書「バリアフリー整備ガイドライン（車両等編）」）

表3・4 バス車両のBFの主な内容（出典：バリアフリー整備ガイドライン）

①「原則Ⅰ 移動しやすい経路」を達成するための事項

箇所・項目	着目点	主な整備内容（◎、○、◇は表3・2に示した記号）
乗降口	踏み段の識別（◎、○）	・乗降口の踏み段（ステップ）の端部について周囲の部分及び路面と輝度コントラストを大きくする（◎） ・乗降口に照射灯などの足下照明を設置（○）
	乗降口の幅（◎、○、◇）	・1以上の乗降口の有効幅は 800mm 以上（◎）／900mm 以上（○） ・全ての乗降口の有効幅を 900mm 以上（◇）
	床の表面（◎）	・滑りにくい仕上げがなされたものとする
	乗降口の高さ（○、◇）	・乗降時における乗降口の踏み段（ステップ）高さは 270mm 以下（○）／220mm 以下（◇） ・傾斜は極力少なくする（○）／排除することが望ましい（◇）
	ドア開閉の音響案内（○）	・視覚障害者等の安全のために、運転席から離れた乗降口には、ドアの開閉動作開始ブザーを設置
	手すりの設置（○）	・乗降口の両側（小型では片側）に握りやすくかつ姿勢保持しやすい手すりを設置 ・手すりの出っ張り等により、乗降口の有効幅を支障しないよう配慮して設置
スロープ板	スロープ板の設置（◎）	・車いす使用者等を乗降させる乗降口のうち1以上には、車いす使用者等の乗降を円滑にするためのスロープ板等を設置
	容易に乗降できるスロープ（◎、○、◇）	・車いす使用者等の乗降を円滑にするためのスロープ板の幅は 720mm 以上（◎）／800mm 以上（○） ・スロープ板の一端を地上高 150mm のバスベイに乗せた状態における、スロープ板の角度は 14 度以下（◎）／7 度以下（○）／5 度以下（◇） ・容易に取り出せる場所に格納
低床部通路	低床部通路の幅（◎）	・乗降口と車いすスペースとの通路の有効幅（容易に折り畳むことができる座席が設けられている場合は、当該座席を折り畳んだときの幅）は 800mm

都市間路線バス（高速バスやリムジンバスを含む）に使用される車両には違いがある。ここでは、都市内路線バスについて述べる。2000年に制定された旧交通法にもとづく移動円滑化基準により、路線バスには、車いすスペースを設けることや床面の地上面からの高さを 65cm 以下とすること等の措置が義務づけられた。この基準を満たすのはノンステップバスとワンステップバスとなるが、ワンステップバスについては、車いす使用者が乗降する際に車いすスロープの傾斜角が急なものとなるほか、乗務員の負担や当事者の恐怖感が大きいといった問題点が指摘されている。よって、ノンステップバスを標準車として普及していくことが適当である。さらに、より改良されたノンステップバス（例えば電動フルフラットバス）の登場が期待される。

表3・4、図3・5にバス車両のBF化に当たっての主な整備内容を示す。

② 「原則Ⅱ わかりやすい誘導案内設備」達成するための事項

室内色彩	高齢者や色覚異常者に配慮（○）	・座席、手すり、通路及び注意箇所などは高齢者や視覚障害者にもわかりやすい配色とする ・高齢者および色覚異常者でも見えるよう、手すり、押しボタンなど、明示させたい部分には朱色または黄赤を用いる ・天井、床、壁面など、これらの背景となる部分は、座席、手すり、通路及び注意箇所などに対して十分な明度差をつける
降車ボタン	降車ボタン（◎、○）	・車いすスペースには、車いす使用者が容易に使用できる押しボタンを設置（◎） ・手の不自由な乗客でも使用できるものとする（○）
車内標記	わかりやすい表記（○）	・車内表記は、わかりやすい表記とする ・車内表記は可能な限りピクトグラムによる表記とする
車内表示	文字による次停留所案内（◎）	・乗客が次停留所名等を容易に確認できるよう次停留所名表示装置を車内の見やすい位置に設置
車外表示	文字による行き先表示（◎）	・行き先が車外から容易に確認できるように、車両の前面、左側面、後面に表示
車内放送	次停留所等の案内放送（◎）	・車内には、次停留所、乗換案内等の運行に関する情報を音声により提供するための放送装置を設ける
車外放送	行き先、経路等の案内放送（◎）	・行き先、経路、系統等の案内を行うための車外用放送装置を設ける
コミュニケーション設備	聴覚障害者用コミュニケーション設備（◎）	・バス車両内には、筆談用具など聴覚障害者が文字により意思疎通を図るための設備を準備し、聴覚障害者とのコミュニケーションに配慮する ・この場合においては、当該設備を保有している旨を車両内に表示し、聴覚障害者がコミュニケーションを図りたい場合において、この表示を指差しすることにより意思疎通が図れるように配慮する

③ 「原則Ⅲ 使いやすい施設・設備」を達成するための事項

床	床の表面（◎）	・床の表面は、滑りにくい仕上げがなされたもの
車いすスペース	スペースの確保（◎）	・車いすスペースを1以上確保 ・車いす使用者が利用する際に支障となる段は設けない
	手すりの設置（◎）	・車いす使用者が円滑に利用できる位置に手すりを設置
	車いす固定装置（◎、○、◇）	・車いす固定装置を備える（◎） ・短時間で確実に車いすが固定できる構造とする（○） ・前向きの場合は、3点ベルトにより車いすを床に固定。また、固定装置付属の人ベルトを装着（○） ・後ろ向きの場合は背もたれ板を設置し、横ベルトで車いすを固定。また、姿勢保持ベルトを用意しておき、希望によりこれを装着する（○） ・一層の車いす固定の迅速化を図るため、前向きの場合には巻取り式のような装置を用いることが望ましい。また、腰ベルトを使用する場合は、腰骨に正しく装着されることが望ましい（◇） ・方式の多様化による乗務員の混乱を避けるため、仕様の統一が望ましい（◇）
	設置する座席（◎、◇）	・座席は容易に折り畳むことができる構造とする（◎） ・座席は常時跳ね上げ可能な構造とすることが望ましい（◇）
	車いすスペースの表示（◎）	・乗降口（車外）に、車いすマークステッカーを貼り、車いすによる乗車が可能であることを明示 ・車いすスペースの付近（車内）にも、車いすマークステッカーを貼り、車いすスペースであることが容易に分かるとともに、一般乗客の協力が得られやすいようにする
手すり	手すりの間隔（◎、○、◇）	・通路には、縦手すりを座席3列（横向きの場合は3席）ごとに1以上配置（◎）／座席2列（横向き座席の場合は2席ごとに1本配置（○）／座席1列ごとに配置（◇）

図3・5 バスのスロープ板（愛知県津島市ふれあいバス）

4 タクシーの車両

タクシーの分類としては、福祉限定許可を取得し予約により運行をおこなっているものと、流し運行によって手をあげた乗客を乗車させたり、駅等で乗客待ちをしたりする一般的なタクシーとに分類できる。前者では移動等円滑化基準への適合義務の対象である福祉タクシー車両が使用される。福祉タク

シー車両は、一般乗用旅客自動車運送事業者が旅客の運送をおこなうためにその事業の用に供する自動車であって、高齢者・障害者等が車いすその他の用具を使用したまま車内に乗り込むことが可能なもの（車いす等対応車）または回転シートにより円滑に車内に乗り込むことが可能なもの（回転シート車）と定義されている。図3・6は高齢社会等による利用者層の変化と、技術開発による車種の拡充を見越して、今後のタクシー車両と利用者の関係について図示したものである。

2006年の法においては、福祉タクシー車両が新たに適合義務の対象として含まれた。2020年度末までの整備目標値が2万8000台となっている。一方、一般的なタクシー車両においても多様な利用者の利便性向上のため、UDタクシーの普及が望まれる。2011年度より「標準仕様ユニバーサルデザインタクシーの認定制度」が導入され、それに合致した車両が一般に販売され始め、ユニバーサルタクシーが広まりつつある。これは運転者の初期操作に手間がかかるなどの課題が残ってはいるものの健常者にも好評でありさらなる技術改善が望まれる。

以下、図3・7、表3・5にUDタクシーの主な設備内容を示す。

図3・6 タクシー車両と利用者の関係（将来の方向）
（出典：バリアフリー整備ガイドライン）

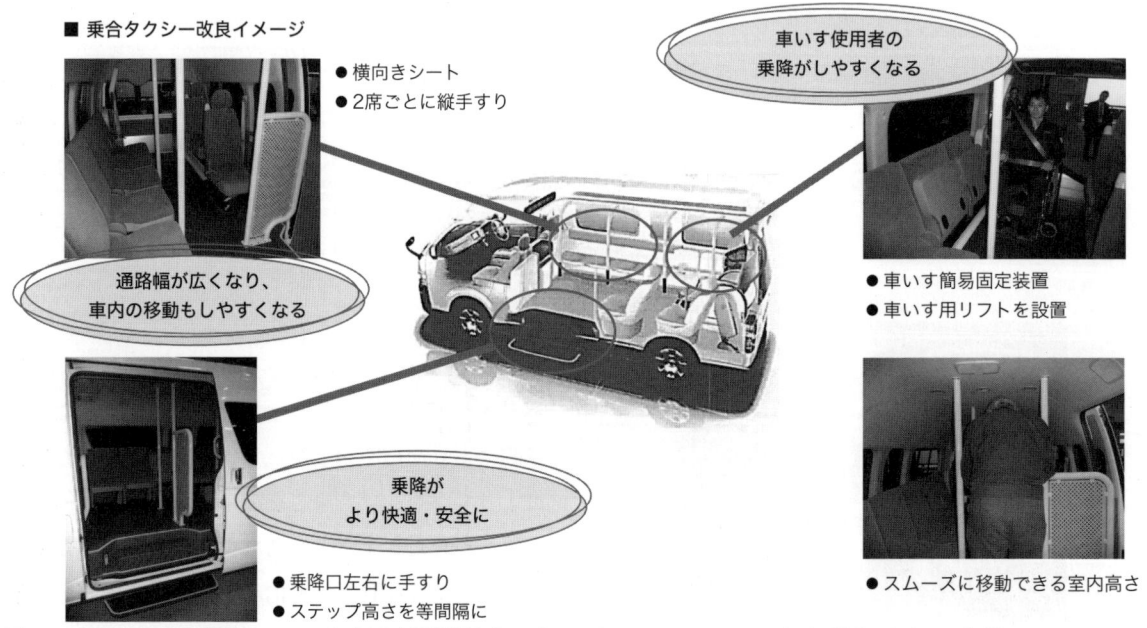

図3・7 UDタクシー車両のイメージ（国土交通省資料「みんなにやさしいバス・タクシー車両の開発」をもとに作成）

表3・5 UDタクシーのBFの主な内容（出典：バリアフリー整備ガイドライン）

箇所・項目	着目点	主な整備内容（◎、○、◇は表3・2に示した記号）
乗降口	広さ（○、◇）	・車いすのまま乗車できる乗降口を1以上設け、その有効幅は700mm以上（○）/800mm以上（◇）、高さは1300mm以上/1300mm以上（◇）
	地上高（○、◇）	・停車時の乗降口地上高は、350mm以下（○）/300mm以下（◇）。ただし、2段以内の補助ステップ等を備えるときは、この限りでない ・補助ステップの一段の高さは260mm以下（○）/200mm以下（◇）、奥行き150mm以上（○）/200mm以上（◇）
スロープ板	スロープ板の設置（◎）	・乗降口のうち1カ所はスロープ板その他の車いす使用者の乗降を円滑にする設備を設置
	勾配（○、◇）	・横から乗車：14度以下（○）/10度以下（◇） ・後部から乗車：14度以下（○）
	幅（○、◇）	・700mm以上（○）/800mm以上（◇） ・脱輪防止のためエッジのある構造
	耐荷重（○、◇）	・200kg以上（○）/300kg以上（◇）
車いすスペース	設置数（◎）	・車いすのスペースを1つ以上設置
	位置（○）	・車いすの進入しやすい位置に設置
	広さ（○、◇）	・車いすを固定するスペースは、長さ1300mm以上（○）、幅750mm以上（○）、高さ1350mm以上（○）/1400mm以上（◇）
	手すり（◇）	・車いす使用者が乗車中に利用できる手すりなどを設置
車いす固定装置	車いす固定装置（◎、○）	・車いすを固定することができる設備を備える（◎） ・固定装置は、固縛、開放に要する時間が短く、かつ確実に固定できるものとする（○）
	シートベルト（○）	・車いす使用者の安全を確保するために、3点式シートベルトを設置

4 旅客交通施設と車両等の基準における課題と今後の展望

①今後実現すべき内容

技術的・制度的な観点等からさまざまな制約があるものの実現に向けて積極的な取組みが望まれる内容が「望ましい内容」として取り上げられている。

一方、既存の旅客施設・車両等の状況から、今後、実現に当たって多くの解決すべき課題を有する内容や、革新的な技術開発が必要となる内容等についても長期的展望として検討すべきである。また、バスやタクシー等の車両においては、車両の整備とともに乗務員の接遇・介助の充実も必要である。

以下では、今後実現すべき内容のうち、具体的に議論されつつある項目について示す。

②鉄道車両における乗降口扉位置の統一

公共交通円滑化基準においては、一定の条件（発着するすべての鉄道車両の旅客用乗降口の位置が一定しており、鉄道車両を自動的に一定の位置に停止させることができること）が整った場合におけるホームドアまたは可動式ホーム柵の設置が義務化された。

一方、鉄道事業者においては、さまざまな利用者ニーズに応えるため、扉位置について工夫を凝らした車両の導入を進めてきた経緯があるので、扉位置に依存しない開閉方式によるホームドアまたは可動式ホーム柵の技術開発が進められている。車両側における取組みとして乗降口の扉位置を統一することが必要である。

③車両等における空間制約

車いす使用者の円滑な移動のためには可能な限り広い空間を確保することが望まれるが、車両等は建築物や屋外空間等に比べて構造上の制約が大きく、一定の空間制約が存在する。車いすの寸法や回転性能は多様であり、すべての種類の車いすに対応できる車両の用意は難しい。車いすの車体側の仕様の再検討も含めての検討が必要であり、運用面での検討も必要である。

④バスの車いす固定装置

車いすを固定するための装置（以下「車いす固定装置」という）については、急停車時、急旋回時、衝突時等における乗員の安全確保の観点から必要な装備であるにもかかわらず、固定方法が煩雑で時間を要する。短い停車時間内に固定、解除をおこなう

ことは車いす使用者や乗務員にとって負担が大きく、また、停車時間の延長は他の利用者に与える影響が大きい。このため、より操作性が高く、安全かつ確実に固定できる装置の開発が必要である。一方で、車両側だけでなく、車いす側の強度や、固定位置の改善等の課題も多い。

いずれの装置についても、さらなる安全面および操作性の改善が必要である。

⑤弱視者・色覚障害者の見え方に関する研究

弱視者や色覚障害者による見え方は疾患やその程度等によって多様である。例えば、一律の照度基準を策定することは現状では困難である。また、サインの色や大きさについても、ある利用者に判別しやすいサインが、他の利用者には判別しにくいことがある。

弱視者・色覚障害者に配慮した移動環境、サイン環境については、課題やニーズ等を詳細に把握するとともに、科学的な裏付けのある研究成果等を踏まえた適切な検討・判断が必要である。

⑥乗務員、係員等による接遇・介助

接遇・介助については、公共交通事業に従事する職員による適切な対応が求められている。これは、旅客施設や車両等のBF化だけでは必ずしも利用者のニーズに十分に対応できるわけではなく、ソフト面の対応と相まって移動等円滑化が図られることの重要性を踏まえて、努力義務として定められている。公共交通事業者等に向けた研修プログラムの開発が進められている一方で、利用者向けの情報提供、トレーニング機会の提供等についてもその必要性が指摘されている。

高齢者や障害者等が移動環境を理解できるよう、BF化された経路や施設の利用方法等について積極的に情報提供をおこなうとともに、移動に介助が必要な人や不安を感じている人、はじめて公共交通機関を利用する人等が安心して公共交通機関を利用できるよう、利用者向けのトレーニング機会の提供等について検討する必要がある。

5 障害者対応自家用車

1 障害者の車利用

地域の交通を自家用車等の私的交通にすべて委ねることは、公共交通の衰退、交通事故、高齢者の免許返上等問題が多いが、公共交通を使うことが困難な人びとには車は積極的にモビリティを確保するよい手段であり、その適正な利用環境整備と援助は今後の福祉のまちづくり課題となる。自家用車を利用する際、①ドライバーとして自分で運転する、②同乗者として他の人に送迎してもらう、という2つの立場がある。障害者ドライバーには運転のための自動車改造が必要になる。同乗者としては車いす等を乗せられる自動車対応が必要になる。また運転免許の制度、運転免許の返上等の制度的課題もある。英国のように、政府方針として「指一本残っていれば希望により技術対応を援助する」等公共交通整備に合わせて身体障害者の車運転を奨励してきた国も多い。

2 運転免許

①障害者の運転免許取得

障害者が自動車運転免許を取得する場合には、公安委員会での適性相談の結果により運転適格性を判断される。無条件適格であれば健常者と同様に免許が取得可能で、条件付適格であれば運転補助装置付等、身体条件に合った機能・性能の車両に限り免許が取得可能（教習の時点から当該車両を使用）となる。不適格となっても、専門の指導者によるリハビリや運転教習の訓練を経て、再度、適性相談を受ける道もある。免許取得後に障害者となった人の免許更新は、臨時適性検査を受け、無条件適格、条件付適格、不適格のいずれかに判断される。

なお、自動車等の安全な運転に必要な認知、予測、判断または操作のいずれかに関わる能力を欠くこと

となるおそれがある症状の病気をもつ人、発作により意識障害または運動障害をもたらす病気をもつ人や認知症の人などが免許の取得・更新をする際には、医師の診断書を提出して適性相談等を受けることになる。

例として、普通運転免許に関わる適性試験の合格基準を以下に述べる。

視力：両眼で 0.7 以上、かつ、一眼でそれぞれ 0.3 以上。または一眼の視力が 0.3 に満たない者もしくは一眼が見えない者については、他眼の視野が左右 150 度以上で、視力が 0.7 以上である。

色彩識別能力：赤色、青色および黄色の識別ができる。

聴力：両耳の聴力（補聴器により補われた聴力を含む）が 10m の距離で、90dB の警音器の音が聞こえる。または、上記の条件での警音器の音が聞こえなくても、後方から進行してくる自動車等を運転者席から容易に確認することができるような後写鏡（ワイドミラー）の使用により安全な運転に支障を及ぼすおそれがない（聴覚障害者標識の表示が義務。図 3・8）。

運動能力：身体の障害がない。または、四肢または体幹の障害があっても、運転補助装置付等の身体条件に合った機能・性能の車両使用により安全な運転に支障を及ぼすおそれがない。

かつては障害や特定の病気のあることが、運転免許取得に関する欠格条項として存在していた。しかし、車両の種々の改良が工夫され、障害者により自力運転の可能な移動手段として自動車が位置づけられる一方で、欠格条項の存在そのものが差別であるという社会的論争から、上述の制度へと変化してきた。現時点でも、聴覚障害者からは、諸外国では聴覚障害が免許規制の対象となっていない国もある、等によりさらなる緩和要望（聴覚障害者標識の義務免除）も出ている。また、外部音の室内拡大や視覚情報化等の技術面の工夫が検討されている。視覚障害については、視力、色彩識別能力、深視力等がチェックされるが、いずれも何らかの補助具、補装具の使用や適正に改造された車両を使うという条件でこれらの能力が達成できればよいとされる。

②肢体不自由者ドライバーのための自動車装置

車両改造はかつては専門の町工場でおこなわれることが多かったが、近年はメーカーオプションで対応できることも増えてきた。肢体不自由者のための車の改造については以下の項目があげられる。

身体障害者用運転座席：①車いすと運転席間の移乗性の向上、②体幹保持機能（ホールド性）の向上、③操作性の向上。④褥瘡予防対策、失禁対策

手動装置：片上肢でハンドル・アクセル・ブレーキを操作できる。コラムタイプ（ハンドルを改造）とフロアタイプ（床に取り付け）がある（図 3・9）。

旋回装置：上肢に障害がありハンドルの保持と操作が確実にできない場合、安全性と操作性を補う目的

図 3・8　聴覚障害者標識（出典：警察庁資料）

図 3・9　コラムタイプ手動運転装置
①手動装置、②グリップ用補助装置（出典：ニッシン自動車工業 HP）

図3・10　車いす対応乗用車（出典：ホンダHP）

に使用するグリップのための補助装置をつける。
その他：左足用アクセルペダル、左方向指示器、足動装置、サイドサポート等がある。また運転装置以外に車内外に車いすを格納する補助装置も各社で開発されている。

③高齢者・障害者対応車

　ドライバーとしてではなく、同乗者として高齢者・障害者に便利で快適な車は1980年代あたりから各社が工夫をおこなってきた。

　その内容は、車いす仕様車（通常後部から乗降、リフトまたはスロープ方式、図3・10はスロープ）、サイドリフトアップ（車の側面から乗降）、助手席リフトアップまたは回転シート（助手席に乗降）、後席回転シート等に分類される。これらの車両は自家用だけでなく、福祉・介護タクシー、福祉有償運送サービス、施設送迎サービス等でも活躍している。

参考文献
1) 国土交通省総合政策局安心生活政策課監修『バリアフリー整備ガイドライン（旅客施設編）』(平成25年改訂版)公益財団法人交通エコロジー・モビリティ財団、2013
2) 国土交通省総合政策局安心生活政策課監修『バリアフリー整備ガイドライン（車両等編）』(平成25年改訂版)公益財団法人交通エコロジー・モビリティ財団、2013
3) 警察庁『運転免許統計』
4) 内閣府編『障害者白書』国立印刷局
5) 国立身体障害者リハビリテーションセンター『身体障害者・高齢者と自動車運転─その歴史的経緯と現状─』中央法規出版、1994

4章
道路の整備
—歩行者の安全・快適・利便性を見直す—

POINT 道路は移動の場であるとともに日常生活の場でもあり、人びとが生活する上で最も重要な交通空間であると言って過言でない。しかし、これまでともすると道路が車の通行を主にして設計され、歩行者の安全性・快適性・利便性が軽視されてきた面がある。特に体に不自由のある交通困難者にその「しわよせ」が集中する。ここではバリアフリー（以降、BF）の基本となる「道路のBF」の問題を学び、それをユニバーサルデザイン（以降、UD）の方向でどのように解決すべきかを学ぶ。

1 道路のBFの考え方

道路は交通の場であるとともに、都市の骨格を形成し、通風、採光機能をもち、コミュニケーションや広場としての役割等多面的な機能をもっている。道路は日常の行き来の場であり、また通勤・観光等中長距離の交通の場でもある。歩行者・車いす・自転車・自動車等の交通の場であるとともに、散歩したり、休憩したり、交流したりする場でもあり、災害時には避難の場でもある。このような道路の機能を「生活道路」機能という。「住区内街路」、「地区内街路」は生活道路とほぼ同じ意味である。それが障害者・高齢者等の多様な人に十分配慮され、誰にとっても安全・快適であることは生活環境の基本的な要件である。このように道路のBFが重要であることがわかるが、一方、自動車、バイク、自転車等多様な交通手段を使って人びとが通行し、沿道住民、地権者等関連する人も多く、利害は輻輳している。

道路のBFとは、すべての人が通行できるとともに、それが物理的に安全であり、心理的に安心であり、快適であり、迷うことなくわかりやすく通行できることが基本要件となる（通行性、安全性、安心性、快適性、情報性）。これらに加えて人びとが集う運動や散歩の場でもある（コミュニケーション性、周遊性、健康性、環境性）。道路を利用する多様な人びとがこれらの要素を満たすことが道路のUD化である。

上記のうち前半の基本要件が、さまざまなバリアによって満たされないことがないようにするのが道路のBF化の基本課題である。また、それを発展させ、多様な人の利益をさまざまな工夫で両立させ、実現させる考え方が道路のUD思想である。いろいろな障害をもつ人が道路空間でもつ問題を整理すると表4・1のようになる。

まず個別の対策に共通する基本課題として、十分「ゆとり」のある空間を確保することである。わが国の道路空間は狭小で、特に歩行者空間は自動車の通行空間に押されてBFとはほど遠い劣悪なものであることが多い。したがって、道路のBF化のプロセスの第一は、車いす使用者、視覚障害者等の障害者を含むすべての人が通ることのできる歩行者道ネットワークを確保することである。わが国では、道路については道路法のもとで国道、都道府県道、市町村道にわけられ、それぞれ管理主体が国、都道府県、市町村と異なっている。これらは「道路管理者」と呼ばれる。また、道路上を通行する自動車、自転車、歩行者等の交通の管理は警察を統括する公安委員会がおこなっており「交通管理者」と呼ばれる。つまり、道路をつくるのは道路管理者であり、交通を規制・制御するのは交通管理者ということになる。道路法のもとに道路の構造規格を定める「道路構造令」が決められており、交通管理については「道路交通

法」が制定されている。道路構造令は道路全体の構造を規定したもので、BFについては、バリアフリー法（以降、法）のもとで国の「基準」（省令）と「道路の移動等円滑化整備ガイドライン」が定められている。これらは道路計画・設計に関する「ナショナルスタンダード」の役割をはたしている。一方、近年の地方分権の一環として、都道府県道および市町村道の構造の技術的基準について、道路構造令を参酌しつつ、地方自治体が独自に条例で定めることができるようになった。地方の実情に応じた独自の規定も出てきているが、まだ大半は「基準」「ガイドライン」をそのまま踏襲しているケースが多く、地方色のある道路BF規定づくりは今後の課題である。

道路ネットワークの計画・設計は道路管理者がおこなうものであり、道路構造令で定められている基本的な要件を遵守した上で、道路管理者がさまざまな工夫をおこなう。法の「移動等円滑化基本構想策定」（以下BF基本構想、2章参照）では、障害当事者、市民、自治体、道路管理者、交通管理者が集まって点検・検討をおこない、道路改善のための基本構想をつくることになっている。

表4・1　障害別道路の問題要素（出典：秋山哲男・三星昭宏「障害者・高齢者に配慮した道路の現状と課題」『土木学会論文集V』No.502、V-25、1994）

ハンディキャップ		主な対象層	主な問題要素
歩行障害	歩行不可	電動車いす 手動車いす ストレッチャー（けがをした人）	・垂直移動困難 ・狭い幅員の移動困難 ・路面の凹凸に弱い ・手の届く範囲が限られる
	歩行可能	松葉杖 杖 用具なし（けがをした人）	・垂直移動がやや困難 ・安全移動に困難を伴う ・長時間の移動に弱い ・混雑の移動に弱い
情報障害	視覚障害	全盲（盲導犬、聴導犬、介助犬） 全盲（白杖）	・歩行ルートの位置確認が困難 ・路上・空中の衝突危険が大 ・複雑な地点では行先判断に困る
		弱視	・小さな文字が読めない ・路面の凹凸がよく見えない ・色の明度差が小さいと識別困難
	聴覚言語障害	全聾・難聴	・聞き取ることが困難（要通訳） ・表示・案内を頼って移動 ・緊急時の案内
		音声・言語	・話すことが困難
総合的機能低下		健常高齢者	・全機能が低下／判断が遅い ・歩行速度／反応速度が遅い ・トイレが近い／疲れやすい ・転倒・転落の危険性大 ・複雑な情報判断に困る
内臓等の機能低下		内部障害	・外見で障害が分からない ・長く立って居られない
		妊産婦	・混雑の中の移動は大変 ・重い荷物をもてない
機器操作障害		巧緻性障害 けがをした人	・手による機器の操作が困難 ・荷物を持つのに困難を伴う
知能・心・情緒の障害		知的障害者 精神障害者 情緒障害者	・（障害により異なる） ・早いテンポに対応しにくい ・コミュニケーションがとりにくい ・情報が理解しにくい ・静穏な環境が必要である
その他		子ども	・目の位置が低い ・手の届く範囲が限られる
		荷物を持つ人	・長時間の歩行に耐えられない
		外国人	・日本語が不自由

2　歩行者道路ネットワークの計画

歩行者系道路の計画はその地区の歩行者の動線分布（どこからどこへどの経路で）、歩行者の交通量（その量）、他の交通主体（車・自転車等）の交通量、道路と沿道の性格、通行目的の分布（通勤・通学・買物等通行目的の構成）を考慮して歩行者道路のサービスレベルを考えてネットワークを構成する。ネッ

Column ♣　「みち」の役割とクルマの功罪

モータリゼーションが大きく進展する中で、交通事故、交通渋滞、環境問題、駐車問題等多くの都市問題が発生した。この背景に「人よりも車」が優先されるような考え方があったと言わざるをえない。歩道のない幹線道路、狭い歩道幅員、障害者や高齢者がわたれない信号、車通行を優先した歩道橋等は長く続く都市問題である。この中で、歩行者を大切にして道路を整備することを「ペディストリアナイゼーション（歩行者道化）」と呼ぶ。主要国では早くからこの考え方が普及したが、わが国ではそのスタートが遅れたと言わざるをえない。車を抑制し、歩行者を大切にすることはBFの基礎となる考え方である。BFはペディストリアナイゼーションを牽引する役目も果たしている。

トワークの中でも特に歩行者が集中する主要経路と、そこから個々の建物や空間に分散する補助的（補完的）な経路にわける。これらを勘案してネットワークとその規格・構造を決定する。その際、歩道幅員と歩道を含む道路構造を決定するとともに、交差点および横断箇所の位置を決め、交差点は信号等についても検討することになる。道路構造は、歩行者と自動車が混合・共存する構造、歩行者と自動車を分離する構造、歩道の形式等である。BF 基本構想では、公的施設の多い地区を「重点整備地区」とし、それらの公的施設を結ぶ重要な経路を「特定経路」（2006 年の法施行後は「生活関連経路」）として通常 2m 以上の幅員でバリアのない歩道を整備することにしている。またそれに準ずる道路を「特定経路・生活関連経路に準ずる道路」や「歩行空間ネットワーク」等として整備する。特定経路と歩行者ネットワークの計画例として豊中市千里中央地区の基本構想道路計画を図 4・1 に示す。この計画は法の移動等円滑化基本構想策定協議会において市民参加・障害当事者参加の下で策定された。千里ニュータウンは歩行空間整備としては 1960 年代当時国内最先端と言われたが、車いす使用者、視覚障害者、聴覚障害者、外国人等の今日的視点でチェックすると多数のバリアが存在していた。当事者が参加した徹底的点検と討論により改善計画を策定した。

地区が新規開発の場合は、サービスレベルの高い歩行者ネットワークを構築することが可能であるが、既成市街地では道路ネットワークや道路がすでに存在しており、また道路が自動車交通処理のために供されていて歩行者のための改善計画は容易でないことも多い。その場合、側溝の「ふたかけ」、電柱移設、民地建物後退、公開空地等による幅員拡大を図って歩道を拡幅したり、自動車交通の抑制・調整をおこ

> **Column ♣ 歩行者道路のサービスレベル**
>
> 「歩行者道路のサービスレベル」とは、道路環境がそこを通行する歩行者に与える快適性や安全性等の「通行性」のレベルをいう。混雑したり、危険性が高い道路は「サービスレベルが低い」ということになる。これまで交通工学では歩道のサービスレベルを健常者を前提にして定義していたが、障害者等の交通弱者を考えて新しくサービスレベルを定義しなおす必要があると言える。車いすや自転車と歩行者が混在した道路の快適性や安全性は、健常歩行者のみを前提とした通行とはかなり異なる。

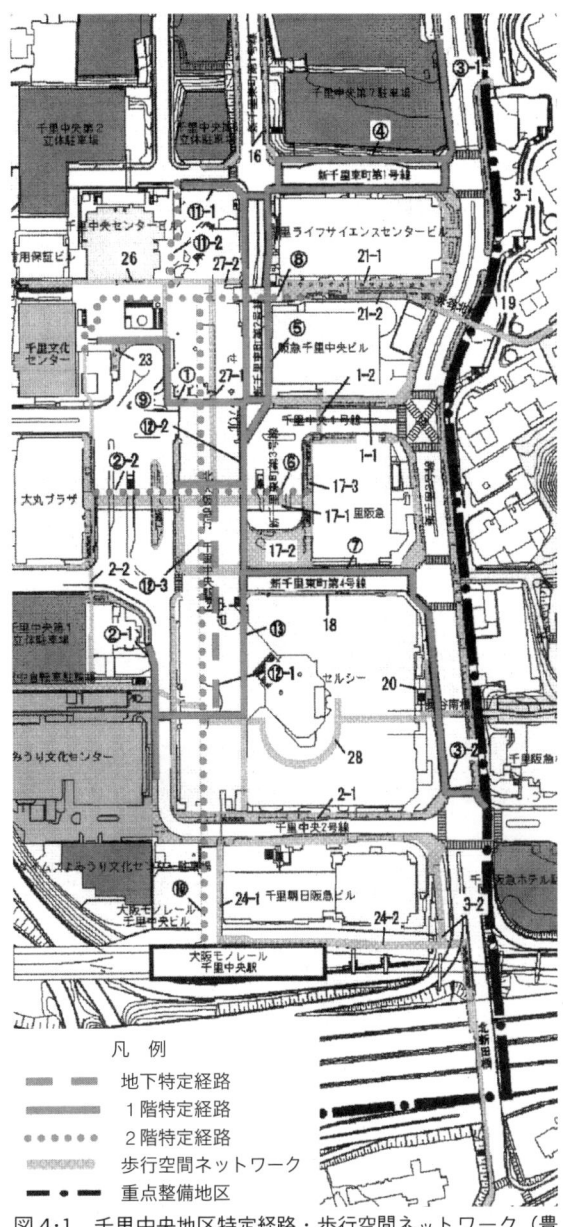

図 4・1 千里中央地区特定経路・歩行空間ネットワーク（豊中市）（出典：豊中市報告書）

なって歩道幅を確保したり、一方通行化による歩道空間拡大を図ったり、歩行者専用道路化して歩行空間確保に努めることになる。このように歩行者ネットワークの確保は「まちづくり」そのものである。したがって歩行者ネットワーク計画に当たっては、障害者等当事者および地元住民の参加・参画が欠かせない。

3 道路の要素とBF基準

1 道路の要素

道路のBFを考える時に問題となる道路要素は、縦断線形、横断線形、幅員、歩道形式、路面舗装、歩車道境界形状、横断歩道、信号機、地図情報案内、バス停、点状・線状ブロック、休憩施設、広場等である。このうち最も基本的な要素は、幅員、歩道形式、縦断勾配、横断勾配等である。

これらの用語について説明すると以下のようになる。

①縦断線形：道路を進行方向に向かって縦方向に見た時の形。道路に沿って歩いた時の上り勾配・下り勾配がわかる。車いす使用者が登れるかが問題になる

②横断線形：道路を横断方向に切った時の形。進行方向に見た時の左右の勾配がわかり、車いす使用者が左右に流れるかが問題になる

③幅員：道路の幅。車いす使用者が通れる幅があるかが問題になる

④有効幅員：障害物を除いて実質的に通ることができる幅

⑤歩道形式：車道に対して段になっている歩道（段付歩道）、車道と同じ平面の歩道（フラット歩道）、車道と歩道の高低差が5cm程度の歩道（セミフラット歩道）がある

⑥路面舗装：アスファルト舗装、コンクリート舗装、ブロック等を用いた舗装、表面の雨水を透したり下部で排水したりする透排水舗装がある

⑦歩車道境界形状：横断箇所における歩道と車道の境界の形。段差が大きいと車いす使用者が通れず、段差がないと視覚障害者が判別しにくい

2 道路のBF基準

法は全国共通の基準（ナショナルスタンダード）を省令で定めている。これは道路のBFで最も基本的なものであり、個々の現場では、①この基準に適合させるように改善計画をたてる、②その際、当事者の意見・点検を重視し真に有効できめの細かい計画を策定するとともに、国の基準に上積みしてよりレベルの高いBFとUD化を追求する。前述のように「道路の基準」の具体は自治体の条例によるが、基本はこの省令による「基準」と法下で定めた「ガイドライン」である。これらは2000年の交通バリアフリー法以前の1990年代から試行的に定められ、2000年・2006年に確定した。これらの内容を以下に示す。

①車いす使用者のために歩道を5cmまで切り下げてセミフラット形式にする

②車いす使用者が通行できる幅を確保する

③車いす使用者が通行できない縦断勾配や横断勾配をなくす

④水処理のための横断勾配を車いす使用者通行のために減らし、透排水舗装を施し平坦な歩道となるようにする

⑤車いす使用者と視覚障害者で利害の異なる横断箇所における車道と歩道の段差（縁端段差）を2cm以下で利害を調整する工夫をする

⑥視覚障害者には点状・線状ブロックを敷設する等である

これらの詳細と基準値を表4・2に示す。またこれらの国際比較を表4・3に示す。わが国で採用されている縦断勾配5%は、欧州でも多くの国で採用されている。交差点部横断歩道形状等の他の規格は国によって相違もある。

4 歩道の幾何構造

以上が歩道の一般的基準の概要であるが、以下歩道の幾何構造について詳しく見てみよう。

1 歩道の有効幅員

歩道の路上施設等を除いた有効幅員を 2m 以上確保する。この値は車いす使用者同士がすれ違える幅である。ただし、経過措置として、ネットワーク形成を図る上で不可欠な道路のうち、歩行者の交通量が多くない道路で、かつ、有効幅員を最低 2m 確保することが著しく困難な区間については、車いす使用者が転回でき、車いす使用者と人がすれ違うこと

表 4・2 バリアフリー法における道路の基準（2006/12/19 国交省令第 116 号）

歩道の分類	基準項目	重点整備地区の歩道に適用
歩道一般のこと	歩道と車道の高さの差	5cm 標準
	歩道の縁石の高さ	15cm 以上
	進行方向の傾斜（縦断勾配）	5%以下
	横方向の傾斜（横断勾配）	1%以下
	上記 2 方向の勾配の重なり	縦断勾配あれば横断勾配はなし
	平坦部の有効幅	1%平坦部が 2m 以上
	舗装	透水性の舗装
	横断箇所の車道との段差	2cm。条件付きで 2cm 以下も可
車庫など車が乗り入れる場所	平坦部の幅	2m 以上を確保
	車道との段差	規定不要
	すりつけの傾斜	規定不要（平坦部を確保するため）

表 4・3 諸外国との基準の比較（道路のガイドライン）（出典：一般財団法人国土技術研究センター「増補改訂版 道路の移動等円滑化整備ガイドライン」大成出版社、2011）

	歩道切り下げ勾配	車道とのすりつけ部水平区間	スロープ勾配	歩道切り下げ段差高
日本（移動等円滑化のために必要な道路の構造に関する基準）	5%以下（やむを得ない場合 8%以下）	車いす使用者が円滑に転回できる構造とする	5%以下（やむを得ない場合 8%以下）	2cm 標準
日本（道路構造令）	―	横断歩道に係る歩行者の滞留により歩行者又は自転車の安全かつ円滑な通行が妨げられないようにするために、歩行者の滞留に供する部分を設ける	―	―
日本（歩道の一般的構造に関する基準）	5%以下（やむを得ない場合 8%以下）	横断歩道等に接続する歩道の部分には水平区間を設けることとし、その値は 1.5m 程度とする	―	2cm 標準
日本（高齢者、障害者等の移動等の円滑化の促進に関する法律施行令〔建築物特定施設の構造及び配置に関する基準〕）	―	―	1/12 以下（高さ 16cm 以下の場合 1/8 以下）	―
日本（移動等円滑化のために必要な旅客施設又は車両等の構造及び設備に関する基準）	―	―	1/12 以下（高さ 16cm 以下の場合 1/8 以下）	―
アメリカ（ADA アクセシビリティガイドライン）	スロープ勾配に順ずる（最大 1/12）	水平通行部最低 1.22m	1/12 以下（垂直高さ 76cm 以下）	1/4in（0.64cm）までは縁部処理不要 1/4（0.64）〜1/2in（1.27cm）は勾配 50%以下で面取り、1/2in（1.27cm）を超える場合はスロープの規定を適用
フランス（GUIDE GENERAL DE LA VOIRIE UR.BAIN）	最大 5%	水平通行部最低 1.2m	5%を超えない。4%を超える場合、10m 毎に水平部確保	最大 2cm
ドイツ（RAS-E）	6%を超えない	縦断方向の歩道すりつけ長さ 1m を超えない	（立体横断施設）8%を超えない。12%限界	2〜3cm

① [問題例] 狭い歩道幅員（有効幅員1m以下） 幅員が著しく不足する狭幅員歩道、車いすの通行が不可能な道路である。片勾配がつき電柱が立ちふさがる。

② [問題例] 幅員が少し不足する歩道（有効幅員約1m）なんとか車いす1台が通行できるが、対向する車いすや歩行者の集団とすれ違いが困難な道路である。

③ [良例] 十分な歩道幅（有効幅員2m以上） 右側の歩道は車いす2台が余裕をもってすれ違える。

④ [良例] 歩車分離しないが余裕のある道路 交通量の少ない道路ではあえて歩道をつくらず、歩車混合でも十分余裕のある通行ができる。

⑤ [良例] 車の通行を抑制したコミュニティ道路（幅員はやや不足気味） 歩車共存道路（コミュニティ道路と呼ばれる）として整備された例。安全性は高いが歩道の幅員不足に注意したい。

⑥ [良例] 段付歩道が必要でない商店街 歩道のない道路に通行帯でBF化した例。車の通行も禁止され快適な歩行空間となっている。

図4・2　歩道の幅員

ができる有効幅員1.5 m以上とすることができるという緩和規定が追加されている。その場合、部分的に有効幅員2 m以上の箇所を設ける等、車いす使用者同士のすれ違いに配慮するものとしている。なお、ここで有効幅員とは電柱、植樹、ガードレール等の障害物を除いた実際に通行に使える空間の幅員である。沿道の商店の「はみだし」陳列・広告、ベンチ、バス停、電気設備等にも注意する必要がある（図4・2）。

2　舗装

舗装については水処理の点から「透排水舗装」、通行性の点から「舗装材料」が問題になる。また、弱視者に配慮して舗装の色も考慮しなければならない場合もある。

①透排水舗装

車いす使用者のためにフラットな歩行空間を提供する際に問題になるのは排水問題である。道路上に落ちた雨水や沿道施設から排出される雨水を処理するために通常道路に勾配がつけられる。また道路の雨水が沿道や歩道に越流しないように段差が設けられることが多い。これらがフラットな道路環境を妨げることが多く、道路のBF対策で最も重要なものの1つが排水処理であると言って過言でない。これはまた、その地域の地形、降雨量、降った水の流出の強度等によっても異なる。道路のフラット化における排水問題を解決するため基準では、重要な歩道では透排水舗装を用いることにしている。これは沿道民地・歩道・車道の間のフラット化を図る際に大きな武器になる。透排水舗装技術もBF化とともに進歩をとげており、高い排水能力をもつ方法も開発されている。図4・3は透排水舗装の一般的な構造である。

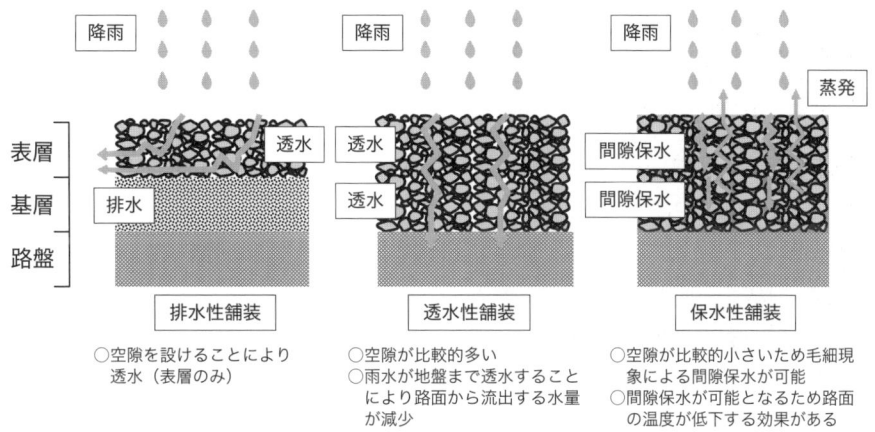

図4·3　透排水舗装（ガイドライン）（出典：前掲書「増補改訂版　道路の移動等円滑化整備ガイドライン」）

②路面

歩道の路面は車いす使用者の通行において振動が少なく、また、健常者や高齢者のために滑りにくいものでなければならない。建築物の床の場合のようにこれらの定量的基準は決められていないが、新しい材料を用いる時は十分検討しなければならない。四角等の小型ブロックを路面に敷く「ブロック舗装」は継ぎ目に注意する必要があったが、近年技術的改善も見られる（図4·4）。

③色

舗装の色は、交通のカラーコントロール、美しい景観等のために用いられる。地域の個性化としてよい方法ではあるが、点状・線状ブロックの色（光の波長が長く見えやすい黄色が標準である）を識別しやすくするためには、その周囲の舗装の色には十分注意する必要がある。通常以外の色を用いる時は両者の輝度比を検討し、当事者による評価を加えねばならない。また、色については一部に精神障害者、色覚障害者への配慮が必要という問題もあることがわかってきた。

3　勾配

勾配には縦断勾配と横断勾配がある。縦断勾配は基準では5％（垂直高さ／水平長さ）としている。か

図4·4　［問題例］凹凸のある路面　車いす使用者にはつらい。補修が重要である。

ねてから屋内のBFでは1/12勾配（約8％）を限度としてきたが、屋外ではより厳しい条件とした。この値はかなりの車いす使用者をカバーすることになる。電動車いす使用者はより大きい勾配も上ることができる。しかしながら、5％でも対応できない人も存在し、また、大型の乳母車使用者にはまだつらい値であることも留意したい。勾配の考え方として、ゆるいほど上ることが可能な人が増えるが、一方、そのために必要な移動距離が増加する。筆者らは一定の高さを上るのに最適な勾配として平均的に4％がよいと提案している（参考文献4）。

図4·5、4·6は国土交通省近畿技術事務所枚方バリアフリー体験施設における5％、8％、12％の勾配

図4・5　スロープ体験風景　3種類の勾配を車いすで体験できる。（出典：国交省近畿技術事務所HP）

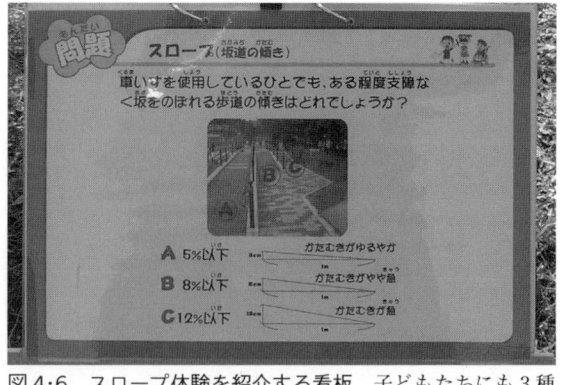

図4・6　スロープ体験を紹介する看板　子どもたちにも3種類の勾配の意味を考えさせる内容としている。（出典：国交省近畿技術事務所HP）

図4・7　［問題例］片勾配のきつい歩道　右側にある施設の出入口のこの区間だけ全幅員にわたって車いすが左に流れる。車道側勾配をきつくしてフラットな歩道を連続させたい。

図4・8　［良例］片勾配のないフラットな歩道　左側の歩道と右側の車道は完全に同一平面になっている。

の斜路である。ここではさまざまな勾配を体験することができる。

横断勾配はいわゆる「片流れ」と呼ばれ、進行方向の直角方向（左右方向）に車いす使用者が流れる問題を引き起こす（図4・7）。基準は2000年以来、1%以下と厳しい値としたが、これは多数の車いす当事者の官能試験をもとにしている。通常1%は透排水舗装と組み合わせて実現される。図4・8はほとんど横断勾配のない歩道（写真左方）の例である。

4　歩道と車道の分離・構造形式・歩道の高さ

車道に対する歩道の高さを標準5cmとすることによりいわゆる波打ち歩道を解消する。かつてわが国の段付き歩道は15-25cmの高さで車道と区分さ

れていた（図4・9）。現在幹線的道路の段付歩道高は15cmとされる。この値は「ノンステップバス」の床の高さと整合してバスの底と歩道が接触しないようになっている。しかし、この段付歩道は交差点や横断部が連続する市街地では車道との間に15cmの高さのギャップが生じ、車いす使用者の車道横断に困難が生ずる。このギャップに対応するため歩道は連続的なアップダウンを繰り返すことになり、いわゆる「波打ち」問題が生じて車いす使用者の通行に支障を与える。2000年の交通バリアフリー法以来この問題に全国的に対処するため、BF化する必要の高い市街地の道路は基本的に5cmの高さとし、車道高、交差道路高、沿道施設高等もこれに合わせた構造を標準とすることにした。この高さの歩道をセ

図4·9 ［良例］段付歩道（15cm高）ここでは歩道高15cmが連続的に守られているが、一般的には交差する道路部や沿道施設の出入部でアップダウンが生じやすい。

図4·10 ［良例］セミフラット歩道（5cm高）歩道と車道が縁石で区切られているBF構造。

ミフラット歩道という（図4·10）。なお、同じ趣旨でさらに歩道高を下げ、0-2cmの高さとする場合もある。この歩道をフラット歩道という（図4·11）。5cm高歩道にしても、車道を横断する箇所の縁石の先端は2cm以下とされるので、歩道全体をフラットの2cm高とする場合も依然残っている。なお、フラット、セミフラット歩道においても幅員に余裕のあるバス停箇所では、ノンステップバス乗降が容易になるよう15cm高のホームをつくる等の工夫をすることが望ましい。ただし、これはバスが歩道側に正しく停止（正着）することを前提としており、歩道に十分なスペースが必要になる。

5 歩車道境界部の形状

歩車道境界部の段差（縁端段差）は標準2cmとするが、視覚障害者の識別性を確保すること等の条件が満たされれば、2cm未満の段差を整備することも可能である。

2cm段差については、車いす使用者にとっては段差がまったくないほうが望ましく、視覚障害者にとっては十分な段差が必要であるといった矛盾したニーズを勘案し、多数の両者の官能試験の結果からとった折衷案である。2cmならば何とか視覚障害者が歩車道境界を識別でき、同時に多くの車いす使用者が乗り越えられるからである。しかし、2cmでは腕力

図4·11 ［良例］フラット歩道（写真右側・左側、0cm高）完全なBF構造であり、排水位置も工夫されている。

の弱い車いす使用者が乗り越えにくく、またコマ（車輪）の小さい乳母車使用者でも同様である。車いす使用者と視覚障害者両者のよりよい両立をめざして、車いす使用者が乗り越えやすく、視覚障害者が識別しやすい縁石の構造や材質、縁端の構造等を工夫して2cm以下の段差とする試みも増えている。このように交差点のBF化にはいろいろな方法があり、具体例は本章5節で後述する。図4·12は北米で多く見られるものであり、車いす使用者の通行箇所を限定して扇状の段差ゼロ部分をつくっている。空間の狭いわが国でこの方法で統一することは困難であるとも言える。欧州でも北米方式だけでなくいろいろな工夫がみられる（図4·13）。日本のように交差点での歩道部は完全にフラットにして車いすが流れ

図4・12 北米でよく用いられる交差点のタイプ　車いす使用者の通行スペースは段差ゼロとし、段差のある部分と分けている。広い横断歩道でこそできる方法である。視覚障害者は迷いやすい。

図4・13 欧州の歩車道段差解消と手前の横断歩道標示（ペイント）の例（チューリッヒ、スイス）　図4・12と同じ思想であるが、歩道全体に車いすの片流れが生じやすく、信号待ち時に歩道上で車いすが静止しにくい。

図4・14 ［問題例］出入口により歩道のフラット部がなくなる　右手の排水蓋より左側が歩道、右手に施設の玄関がある。右手の施設に出入りする車のために左側の歩道全体に横断勾配がつけられてしまっている。

［問題例］波打ちが連続　商店の出入口が連続して出現し波打ちが発生している。

［良例］波打ちを解消　車道全体をかさ上げして歩道と同じ高さにし波打ちを解消した。

図4・15 波打ちが連続した例と解消した例

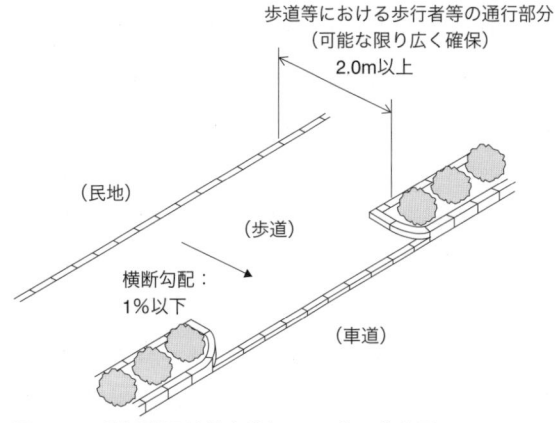

図4・16 ［良例］民地前歩道部のBF化の基本図　セミフラット接合部（出典：前掲書「増補改訂版 道路の移動等円滑化整備ガイドライン」）

ずに信号待ちできるようにすることを原則とする国は少ない。

6 車両乗り入れ部・総合的フラット部確保

自動車が車道から歩道を横切って民地に乗り入れる「車両乗り入れ部」は、歩道を直線方向に進む車いす使用者にとってしばしば急激な横断勾配の出現に悩まされる場所である（図4・7、4・14、4・15左）。車道からの進入車のために歩道を横断方向に傾斜をつけて「切り取る」ためである。これはまた、「波打ち」「洗濯板」と呼ばれる勾配変化の連続の原因にもなる（図4・15左）。歩道が「洗濯板」のように進行方向に波打つと、車いす使用者はアップダウンを繰

図4・17 ［良例］出入口の改善例

図4・18 ［良例］波打ちを解消し歩道構造全体を改善した例

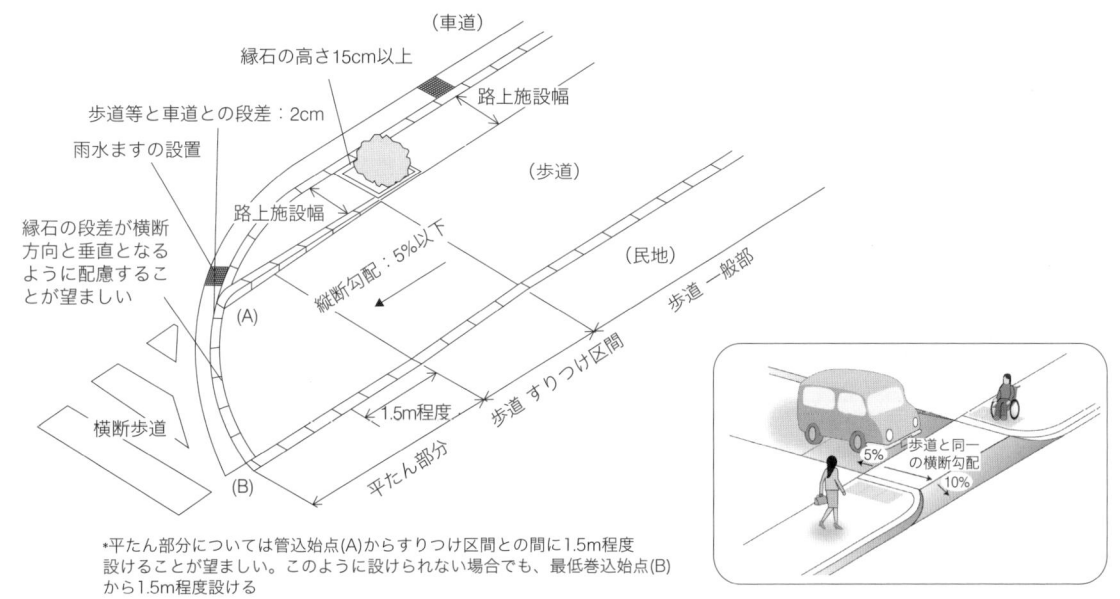

図4・19 ［良例］横断歩道と一般歩道の連続的な BF 化　ガイドラインで述べる BF の一般的形状（出典：前掲書「増補改訂版 道路の移動等円滑化整備ガイドライン」）

り返すことになりひじょうに歩行しにくい。特に都市部でこのような歩道が多く、その解決は道路のBF化における重要課題である。このようになる原因は、沿道施設への車のアクセス、その場合さらに施設による出入口高さの不揃い、歩道幅員の狭さ等が関係している。解決法としては、沿道施設の車出入口の高さと歩道の高さ・車道の高さを揃える、歩道幅員を拡げて車出入りのための歩道削除を減らす等である。これらは雨水の排水問題も関係するため透排水舗装も検討する。最近では長区間にわたる波打ち解消のために車道全体の高さをもち上げて歩道に合わせたり、沿道施設の出入口高さを改善したりする例も出ている（図4・15右、4・16〜4・18）。

歩道の平坦部を確保するために一般的に以下の点に注意する。

①歩道の有効幅員を2m以上確保する
②歩道の横断勾配は1%以下とする
③歩車道境界は5cmとする

これらを前提として、歩道幅、歩道高、民地出入口高、自動車の乗り入れ勾配等を操作し、極力歩道

図4·20 交差点改善前後（滋賀県日野町） 左：改善前は歩道と車道には9％の勾配がつき、歩道高20cm、歩道片勾配7％の典型的なバリア交差点であった。右：改善後（ただし点字ブロックは未敷設）は交差点と周辺部全体が、縦断勾配3％以下、横断勾配1％以下とされ、透排水舗装が施された。車いす静止も可能となり、歩車道境界部には新工夫の階段縁石、歩道上には休憩設備を設置する等のBF化がおこなわれた。図4·19のガイドライン以上の高いレベルで整備されている。
（提供：佐野正典）

図4·21 兵庫方式縁石の断面（表面に条溝がある） 多くの視覚障害者の官能テストで支持された。縁端段差を0-2cmにできるため車いす使用者にもよい。

図4·22 歩道縁石端の工夫（滋賀県） 中央より右側が車道部約50cm、左側が歩道部約30cm（縁石）である。黒っぽい幅が警告ブロック。中央の縦線が縁端部幅約3cmであり、ゴム素材を用いている。これにより車いす使用者が乗り越えやすく、視覚障害者が触覚でわかりやすくなっている。滋賀県彦根市で多く使われている。

のフラット部分を確保するようにする。さらに本格的な対処法として以下を検討する。

a) 歩道面を切り下げる
b) 車道面をかさ上げする
c) 車いす使用者のために地域全体の歩道高、車道高、民地出入口高、側道高等を総合的に調整する

5 横断部における段差の解消

歩道と車道の段差で最も問題になるのは、交差点等の歩道と車道が接する横断歩道近辺である。前述のように段差が大きいと車いす使用者が通りにくく、段差が小さいと視覚障害者が判別しにくいという通行主体による矛盾もある。フラットまたはセミフラット歩道が連続的に確保されている場合、交差点等での横断歩道部の段差問題は一般に少ないが、段付き歩道の場合、交差点や横断部で特に注意が必要である。

この問題には、歩道と横断部の「すりつけ方」の全体形状に関することと、歩道と車道の境界に位置して両者を分ける縁石の車道側最先端における「縁端段差」に関することがある。すりつけ方法についてはガイドラインでは、通常の歩道部→5％以下の勾配によるすりつけ部（縦断勾配部）→平坦な横断待ち部、というように連続的な高低差解消を図って車道と歩道の高さを揃えることにしている（図4·19）。段付き歩道だけでなくセミフラット歩道にもこの原則が適用される。これをより高いレベルで改善した例を図4·20に示す。この例のように交差点部だけでなく周辺全体の高さ調整や歩道拡幅等が必要になることも多い。

縁端段差については、前述のように高さ2cm未満であっても視覚障害者がわかる工夫がポイントである。図4·21は兵庫県で用いられているものであるが、縁石の表面に「線条」の溝を掘り視覚障害者の足踏み感覚を惹起している。神奈川県では逆に縁石表面に「線条」を貼り付け、線を突起させた縁石を

図4・23 点字ブロック（点状・線状ブロック） 横断歩道入口と分岐箇所には点状の警告ブロックが使われる。

図4・24 ［問題例］鋭角に曲がる点字ブロックはよくない 空間が狭いところではありがちな例だが、視覚障害者は混乱してしまう。

用いている。図4・22は縁石突端（縁端）にゴム素材の加工品を埋め込み、視覚障害者の足裏感覚を促すとともに車いす使用者の通行性を向上させている。

6 視覚障害者誘導・警告ブロック

視覚障害者には全盲者と弱視者がいる。全盲者は白杖や足裏の感触で路面を確かめたり、手すり等を利用したり、音や嗅覚・触覚を利用したりして固有の感覚は健常者より発達しており、歩行する時にそれらを用いることが多い。また、外出に慣れた視覚障害者は同時に「メンタルマップ」（頭の中でイメージとしてもつ地図的な情報）を脳内に記憶し歩行している。弱視者の場合、これらに加えて視覚力に応じて色情報を活用している。視覚障害者の歩行においてこれらの五感活用の支援となるのが、白杖や靴底で存在情報を得る視覚障害者用誘導・警告ブロックである。これは点字ブロックと呼ばれ、線状の誘導ブロックと点状の警告ブロックがあり、それぞれ異なる意味をもっている（図4・23）。色は波長の長い見えやすい色が使われ、ガイドラインでは原則黄色としている。ただし、視覚障害者用誘導ブロックと周囲の舗装路面の色との「違い」が重要であり、「輝度比」の大きいことが意味をもつ。黄色系の歩道に黄色の視覚障害者用誘導ブロックは不適切である。

輝度比は以下の式で定義される。

$$輝度比 = \frac{覚障害者誘導用ブロックの輝度(cd/m^2)}{舗装路面の輝度(cd/m^2)}$$

ただし、輝度は明るさであり、単位面積あたり、単位立体角あたりの放射エネルギー（発散する光の量）を比視感度（電磁波の波長ごとに異なる感度）で計測したものであり、輝度計により測定できる。

点字ブロックは時間により劣化することが多く、定期的な補修をおこなう維持管理が重要である。また、管理者（道路・鉄道・建築物・公園等）が協議せずにばらばらに設置したため不連続になっている例も多い。障害者が参加して関係者がしっかり協議することの重要性が言われるゆえんである。空間に余裕がないところでは、図4・24のように鋭角に曲がったり煩雑になったりしがちである。交差点全体の形状を変更しなければならない場合もある。また、せっかく点字ブロックが設置してあっても、駐輪、駐車、商店の看板、案内板等によってそれがふさがれている例も多い（図4・25、4・26）。点字ブロックに頼る視覚障害者の立場に立つことができるようにBF知識の普及・啓発に努めたい。点字ブロックの一般的な設置法を図4・27、4・28に示す。

視覚障害者は五感を活かして歩行する能力が高いため、視覚障害者用誘導ブロックだけでなく、音声

図4・25 ［問題例］駐輪でふさがれる歩道

図4・26 ［問題例］駐輪でふさがれる点字ブロック

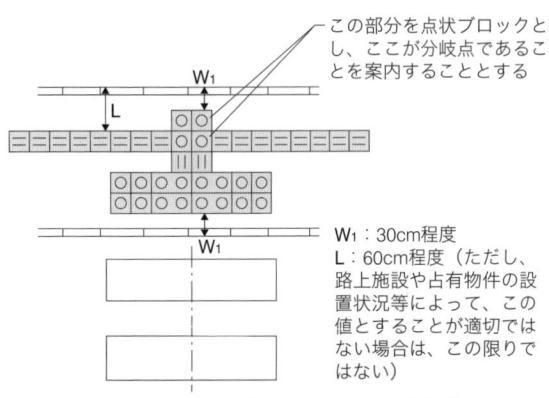

図4・27 点字ブロックの敷設法（直線部横断歩道近辺）
（出典：前掲書「増補改訂版　道路の移動等円滑化整備ガイドライン」）

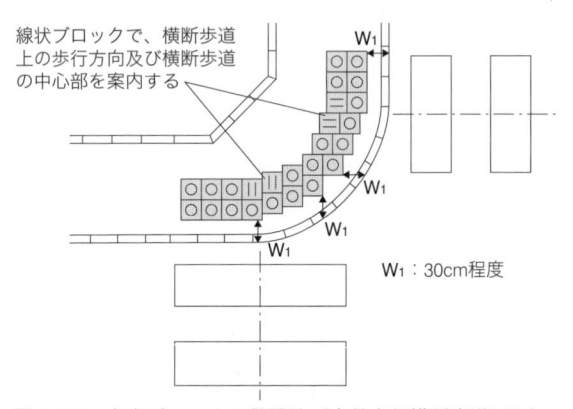

図4・28 点字ブロックの敷設法（交差点部横断歩道近辺）
（出典：前掲書「増補改訂版　道路の移動等円滑化整備ガイドライン」）

や点字の案内板を頼りとして使うことも多い。横断歩道上でも視覚障害者の安全な横断歩行を助けるため、一般の歩道上のものとはやや異なる点状のブロックを連続的に敷設する「エスコートゾーン」が増えている。また、ITS（高度交通情報システム）の1つである携帯端末による案内システム等も開発されてきている。

7 休憩施設

休憩施設は体力の弱った人が歩行する上で大切な施設である。また、子育て、「たまり」等の多様な機能ももっているが、従来公道上ではバス停を除いて整備されることが少なかった。図4・29は意識調査による休憩施設間隔である。約100mに1ヶ所は休憩所が欲しい。図4・30は道路、公的施設、商店等多様な施設を連ねて、NPOがコーディネートして官民協働で休憩施設のネットワークをつくった戸田市の事例である。

8 駅前広場・地下街

駅前広場は管理上道路の一部とされることが多い。駅前広場は一般の道路と性格が異なり、通行の場であるとともに、交通結節点（乗り換え）であり、人の集まる場であり、情報の集中点であり、コミュニケーションや芸術の場である。BFを基本としたUD化はそのまちの顔をつくることであり重要である。西欧の駅前広場は比較的そのまちのシンボル性やコミュニケーション性を重視して駅正面の空間につく

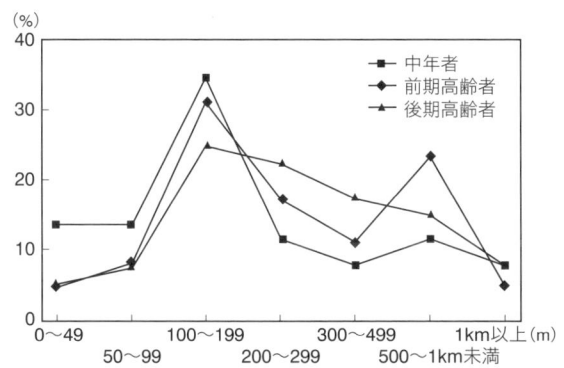

図4・29　必要な休憩施設の距離　「この距離で必要である」と答えた人の割合（出典：三星昭宏・北川博巳「高齢者を考慮した歩行空間の休憩施設配置に関する研究」『土木計画学研究・論文集』土木学会土木計画学研究会、1999）

上：公道上におけるベンチの設置（バス停前）　右：道路端にある商店のベンチ。これらはネットワーク化され官民協働で整備されている。
図4・30　戸田市のベンチ（提供：国土交通省）

整備前の様子　車やバスの発着がメインの駅前広場でバリアが多かった。

整備後（2012年）の様子　左側のように人の通行やコミュニケーションを重視して大改造した。BF・UDのレベルは高い。近年、金沢駅前、静岡駅前等「UD駅広」に取り組む例が増えてきた。
図4・31　川崎駅整備（提供：川崎市）

られることが多いが、わが国の駅前広場は従来「交通広場」としての性格が強かった。過去においては自動車・バスの交通処理を優先して、歩行者にはバリアの多い、車いす使用者が使えない空間が多かった。歩行者は地下道を上り下りして移動することを強いられる駅前広場がその例である。移動等円滑化基本構想ではその駅前構造を一新してつくり替える計画も多く、わが国の車中心人間軽視の駅前広場も少しづつ改善されつつある（図4・31）。地下街は駅前広場とは条件が異なるが、人が集まる場である点で課題が共通することが多い。近年では渋谷の複合商業ビル「ヒカリエ」等のように、複数の事業者が連携してUD化が達成された例もある。

駅前広場に関わる交通空間の構成要素は、「水平動線」「垂直動線」「各種乗降場等」である。その他、サービスや景観を提供する「環境空間」および「情報提供・照明施設」がある。環境空間はトイレや商業施設、公共施設等多岐にわたり、まさしくUDのまちづくりそのものである。駅前広場では管理者が多数あり、公私の性格の異なる管理者が関与している。UDによる駅前広場づくりの先駆である阪急伊丹駅では以下の基本方針をたてて、多数の当事者参加で駅と駅前広場をつくった。1990年代の整備であるがいまだ先駆的役割をもちその後の多数のター

ミナルBF整備に影響を与えた。阪急伊丹駅・駅前広場整備（図4・32）では以下の基本方針をたてた。

移動しやすいターミナル、利用しやすいターミナ

図 4・32 阪急伊丹駅前整備（UDターミナル整備の草分け）
写真は駅前商店街に続く道でUD化されている。排水も「中央排水」とする等、BF技術として興味深い。

表 4・4 施設の課題

施設	課題
バス停	・バス乗降の対応として、乗降口の歩道の高さは15cmとする ・ベンチや上屋を設置する ・案内標識を設置する ・標識には点字、アナウンスなどの設備をもうける ・視覚障害者誘導ブロック（点字ブロック）は、黄色その他の周囲とはっきり識別できる材料のこと
路面電車停留場	構造、乗降場、傾斜路勾配、横断部に配慮する
自動車駐車場	自動車駐車場では、障害者用駐車・停車施設を設置するとともに、障害者等に配慮した構造のトイレ等を設置する
交差点	交差点、立体横断施設等の階段部等には、視覚障害者誘導用ブロックを必ず設ける
立体横断施設	・エレベーターを設置する ・高低差が小さいときはスロープで代用する ・エレベーターかスロープがある場合、必要に応じてエスカレーターも設置する

表 4・5 信号機のバリアフリー化

施設	課題
音響式信号機設置	視覚障害者のために青時間を音響で知らせる装置のついた信号機
青延長用押ボタン付き信号機設置	ボタンを押すことによって青時間を延長する機能を有する信号機
携帯用発信機による「音響式信号機」と「青延長用押ボタン付き信号機」	これらを携帯用発信器で操作できる装置
歩車分離信号機設置	歩行者と自動車が完全に分離されるように青時間をわけて表示する
その他信号表示（フェーズ）と時間見直し	高齢者・障害者がわたりやすいように青時間を見直す

ル、行きやすいターミナル、人にやさしいターミナルとし、各項目において各種の障害者に配慮した数十項目にわたる整備内容を設定した。

その他の施設の課題を列記すると表4・4のようになる。この他、駐車場やエレベーターの寸法等さまざまな基準が定められている。

ガイドラインではその他以下のような施設・空間のBFについて述べている。

・積雪寒冷地における配慮、流雪溝の構造、防雪、除雪
・自動車駐車場
・案内標識

駐車場には障害者用として3.5mの幅広駐車スペースを確保する。このスペースは車のドア全開のための空間が必要な車いす使用者が利用することになる。その他、健常者駐車スペースとの中間的サイズをもつ「思いやり駐車スペース」（地方により呼称が異なる場合がある）を設けて、車いす使用者以外の歩行不自由者が利用できるようにする。車いす用の幅広駐車スペースは施設出入口に近い場所に設置し、思いやり駐車スペースはそれに準ずる場所に設置する。それぞれ利用資格を示す利用証を都道府県が発行したりして、健常者の不適正利用を防ぐ努力をしている。

積雪地の道路や駅前広場のBF化については、除雪・排雪や情報提供等が必要とされるが、技術面での検討課題も多い。

9 信号機

道路の一部で、公安委員会が管理する信号機についても、BF化が進められている（表4・5）。車中心の信号現示から歩行者重視現示にすることと音響式信号機が基本であり、公安委員会の取組みが進んでいる。これらは「移動等円滑化基本構想」の中で整備されることが多い。その数はまだ限定的で今後の

さらなる普及が望まれる。視覚障害者の横断支援端末も普及しており、横断方向を見失わないシステムになっているが設置箇所はまだ多くない。信号機についてはLEDを用いた縦形の高さが低いもの等も開発されている。

10 歩行者ITS

視覚障害者の歩行支援として、また、車いす使用者のための施設情報提供等を目論んで、情報通信機器を使ってBFに資する試みが進められてきた。近年は特に携帯端末、タブレット端末の普及が有利な材料となっている。この目的を大別すると、

①視覚障害者の安全な歩行補助・警告・誘導システム
②視覚障害者のルート案内システム
③視覚障害者のための沿道情報案内システム
④車いす使用者のためのエレベーター・エスカレータ・工事情報提供システム

のようになる。

システムが用いる情報収集伝達方法としては、①一般電波によるもの、②赤外線によるもの、③ICタグ類、場所ごとのユビキタスによるもの、④携帯、タブレットによるものがあり、これらを組み合わせたものもある。電波は受信場所の拡がりが有利な点であり、赤外線は光線の直進性により視覚障害者への方向情報伝達に有利である。ICタグ類は手軽で情報発信の拡大性に優れる。電話はその普及による価格低下と回線拡大が特徴である。いずれにせよ普及のためには、障害当事者にとって、物理的使いやすさ、経費性、携帯性、わかりやすさ、仲間との共通性において優れたものである必要があり、今後のUDとしての発展が期待される。なお、米国や欧州の一部では日本の電気メーカーのコンソーシアムが開発したデバイスが使われだしている。

参考文献

1) 秋山哲男・三星昭宏『障害者・高齢者に配慮した道路の現状と課題』土木学会論文集V、No.502、V-25、土木学会、1994
2) 一般財団法人国土技術研究センター編集・発行『増補改訂版 道路の移動等円滑化整備ガイドライン～道路のユニバーサルデザインを目指して～』大成出版社、2011
3) 国土交通省総合政策局安心生活政策課監修『バリアフリー整備ガイドライン（旅客施設編）【平成25年改訂版】』交通エコロジー・モビリティ財団、2013
4) 村木里志・三星昭宏・松井祐介・野村貴史「車いすによるスロープ走行時の身体的負担の定量化とその応用」『土木学会論文集』D.62, 3、土木学会、2006
5) 三星昭宏・北川博巳「高齢者を考慮した歩行空間の休憩施設配置に関する研究」『土木計画学研究・論文集』土木学会土木計画学研究会、1999
6) 柳原崇男・篠原一光・高原美和・三星昭宏・長山泰久・永礼正次・篠原耕一「高齢者・視覚障害者の道路横断支援のためのLED付音響信号装置の実用化可能性検証」『日本建築学会計画系論文集』第76巻第661号、2011
7) 小澤温・大島巌編著『障害者に対する支援と障害際自立支援制度』ミネルヴァ書房、2013

5章
地域交通・生活交通
―持続可能なサービスをめざして―

POINT 地域における交通手段の確保は福祉のまちづくり、バリアフリー（以降、BF）のまちづくりの重要課題である。電車・バスが衰退しつつある今、喫緊に取り組む必要がある。この章では地域の公共交通の種類と性格を学び、公共交通を振興させる方策、あわせて、福祉有償運送、福祉タクシーについて考える。

1 公共交通の衰退と高齢者・障害者のモビリティ問題

全国で公共交通の衰退減少が進行している（図5・1）。特に、公共交通であるバスサービスの減少が著しく、鉄道も長期には低落傾向である。この原因は、①モータリゼーションが進行し公共交通利用者が減っている、②少子・高齢化による人口減、特に若年層の減少による公共交通ニーズが減少していることによる。その中で自動車を運転せず、公共交通に依存する障害者、高齢者、子ども等の層の外出が困難になり、モビリティ問題が深刻になっている。施設や空間のBFをいくら推進しても、そもそも移動する手段がなければ外出できないのである。福祉のまちづくりとして、物理的な施設や空間のBFがよくあげられるが、忘れられがちなのが「BFでUDなサービス」である。その代表が地域の交通サービス確保である。この問題は今や高齢者・障害者問題だけでなく、地域の崩壊問題の様相も呈している。移動手段がなく移動できないことは、何にも増して大きなバリアであると言える。

外出はQOL（生活の質）を決める。通院、通所、通勤、通学、買い物、散歩・交友（付合い）、家族の行き来、娯楽（レジャー）、スポーツ、国内旅行、海外旅行、温泉、参詣、山登り、等外出はどれをとっても人間的に生活する上で重要な行為であり、衣食住と並んで基本的な「人権」であると考えられる。欧米では移動することが「権利」として認められている国が多く、例えば、フランスでは法律の中に「移動権」（「交通権」）が用語として認められている。

2013年11月、わが国で「交通政策基本法」が成

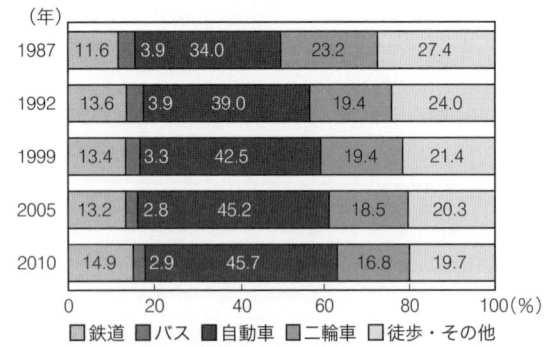

(年)	鉄道	バス	自動車	二輪車	徒歩・その他
1987	11.6	3.9	34.0	23.2	27.4
1992	13.6	3.9	39.0	19.4	24.0
1999	13.4	3.3	42.5	19.4	21.4
2005	13.2	2.8	45.2	18.5	20.3
2010	14.9	2.9	45.7	16.8	19.7

図5・1 各交通機関の輸送別分担率の推移（全国）（出典：国交省資料「都市における人の動き 平成22年全国都市交通特性調査集計結果から」）

> **Column ♣ ブキャナンレポート**
>
> 英国のコーリン・ブキャナンは1960年に「都市の自動車交通」というレポートを政府に提出した。「これからは自動車交通が増大し、公共交通が衰退し、事故、環境、渋滞が問題になる。歩行者等弱者を守らねばならない」という内容で、その後の欧州の公共交通を守り育てる取組みの原点になった。わが国では2013年にようやく「交通政策基本法」が成立し、公共交通の重要性を示すはじめての法律になった。

立した。その16条ですべての国民の移動の重要性を以下のように示している。

「国は、国民が日常生活及び社会生活を営むに当たって必要不可欠な通勤、通学、通院その他の人又は物の移動を円滑に行うことができるようにするため、離島に係る交通事情その他地域における自然的経済的社会的諸条件に配慮しつつ、交通手段の確保その他必要な施策を講ずるものとする」。また、自治体もこれにもとづき責務を負うことになっている。

交通権という用語こそ示されはしなかったが、同義に近い表現でようやくわが国も国民の移動問題に認識を示したと言えよう。この法律は「理念」を示す法律であり、バリアフリー法（以降、法）にとっては移動の重要性を示す上位の法律として位置づけられる。特に「地域の公共交通」衰退問題にとってはようやく基本理念が示されたと言える。公共交通の衰退により影響を受ける人とは、電車・バスに乗れない人、これらが使いにくい人、タクシー等の費用が苦しい人、車が使えない人、家族に送迎を頼れない人、その他、高齢者・障害者・外国人等の多くが該当する。

2 地域の公共交通

わが国における公共交通を整理すると図5・2のようになる。公共交通は身体条件や年齢にかかわらず多くの人に利用される基本的乗り物と言える。電車・バスといった一般の公共交通機関から、救急車や福祉タクシーといった高齢者・障害者・病人に特化した乗り物までさまざまである。

BFから見た公共交通整備の基本方針は以下のようになる。
① 電車・バスサービスを守り発展させる
② 電車・バス・タクシーのBF化（電車と駅・駅前広場のBF化、障害者用ノンステップバス、ユニバーサルタクシーの普及）を進める
③ 同時に福祉タクシー、福祉有償運送等の高齢者・障害者に特化したスペシャルな交通手段を拡充する

公共交通の利用者の身体条件との適合性は、図5・3のようになる。このような多モード（交通手段）の公共交通を組み合わせて、上記の原則ですべての人のモビリティ（移動性）を確保することが福祉のまちづくりの課題となる。

そのためには、地域の車依存から脱却するとともに、経営的に困難な交通機関も市民の協働によって再生させる道筋が必要になってくる。公共交通の経営困難は小手先の技術的対策だけで解決しないからである。公共交通サービスを向上させてその利用

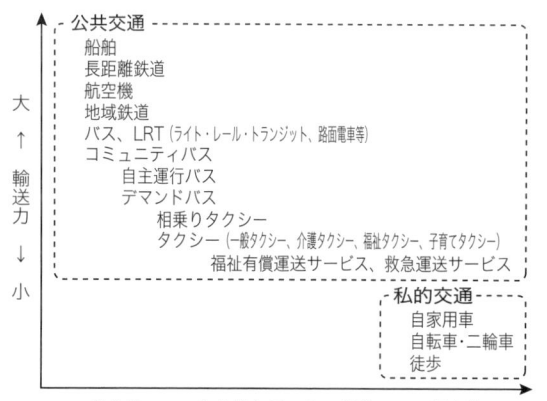

図5・2 交通手段の構成

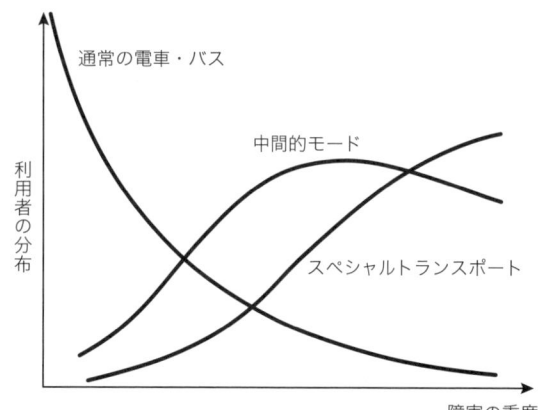

図5・3 公共交通と利用者の身体条件　左が一般の乗り物、右が特別な乗り物となる。通常の電車・バスの分布をなるべく右方に拡げることが重要である。

を増やそうとする取組みも、ようやく今進んできている。

わが国の公共交通システムの仕組みが欧州の主要国に比して、利用者から見て不利となる面についても触れておく。わが国では、公共交通に国や地方の税を使う仕組み・習慣が基本的になかった。これはモータリゼーションによる公共交通衰退に対する対応における欧州主要国との違いが根底にある。また、わが国では私企業の株式会社によるバス・鉄道経営が多く、一方、ドイツ等の諸国に見られる「運輸連合」のような会社相互の協働体制が基本的にない。また、地域交通のように市民生活に密着した公共交通の許認可が国土交通大臣にあり、ほとんどの自治体に公共交通の部課がない状態である。しかし、地域交通が崩壊しつつある今、このような状態を長期的に続けることはできないであろう。交通対策基本法制定はそのスタートとして位置づけたい。

3 公共交通活性化方策

公共交通活性化のポイントとなるのは、公共交通のBF化、情報提供のBF化、市民協働の公共交通再生であり、また、自治体がそれらを推進することである。これらの対策については、市民、特に高齢

表5・1 地域の公共交通改善策(出典：富田林市交通基本計画)

交通政策の基本方針							交通施策の区分	交通政策	(参考) 関連する既存交通施策が示されている各種計画
関係者が連携・共同して取組む交通	すべての市民が安全・安心・快適に移動できる交通	円滑な移動・活動を支える交通	まちの魅力・活力を創出する交通	環境にやさしい交通	地域の特性に対応した交通			
	○	◎	◎			公共交通ネットワークの拡充	(1)鉄道と連携した広域アクセス性の工場	都市計画マスタープラン、地域防災計画
○	○	◎	◎				(2)交流・連携を支える路線バスの拡充	都市計画マスタープラン
○	◎	○			○		(3)コミュニティ・バスサービスの見直し	
○	◎	○			◎		(4)地域特性に応じた多様な公共交通サービスの導入	都市計画マスタープラン
○	◎	◎					(5)交通結節点の乗継利便性の向上	都市計画マスタープラン
○	◎	◎			○		(6)外出支援サービスの拡充	地域福祉計画、バリアフリー等基本構想
○	◎		○			利用しやすい交通システムの擁立	(1)公共交通利用情報提供の拡充	バリアフリー等基本構想
○	◎		○		○		(2)バス停、バス車両などの高規格化	バリアフリー等基本構想
○	◎	○	○				(3)ICカード導入、運行情報提供等の推進	
○	◎	○					(4)交通結節点及び周辺地区のバリアフリー化	地域福祉計画、バリアフリー等基本構想
○	◎	○	○		○		(5)利用しやすい料金施策	
○				◎		自動車利用の抑制と公共交通利用促進	(1)コミュニケーション施策によるクルマ利用抑制と公共交通利用促進の取り組み	
○	◎		◎	◎	○		(2)自転車・歩行者空間と利用環境整備	都市計画マスタープラン、交通安全計画
◎	○					市民と連携・協働して取り組む交通	(1)積極的な交通政策に係る情報公開と提供	
◎	○			○	○		(2)地域における市民との連携による地域交通の取り組み	地域福祉計画
◎	○			○			(3)地域・企業・学校との連携による教育、啓発の取り組み	地域福祉計画、交通安全計画、生涯学習推進基本計画

◎：主に期待する効果　　○：派生して期待される効果

者や障害者が参加・参画して、公共交通を活性化させる地域の取組みや、自治体の公的な協議の場で検討・実施する試みも生まれてきている。先述のように我が国では公共交通に税支出する仕組みが弱かったが、近年、バス廃止に伴い対症療法として自治体の税を使って「コミュニティバス（コミバス）」が導入されてきた。しかし、これも利用者数不足と支出に耐えきれずコミバスを廃止・縮小する例が多数出ている。モータリゼーション下で住民の量的・質的ニーズに合わない交通手段を「官製」でおこない税支出した結果である。このような「後手」の対策ではなく、真に有効な施策に必要ならば税投入もして、市民協働で公共交通を活性化することが求められている。

このような取組みの例として、富田林市市民交通協議会で検討した交通対策を表5・1に示す。公共交通の「やさしさ」対策は改善の中心的位置を占めている。公共交通サービスの確保とBF化は福祉のまちづくりでも最も重要な課題の1つである。

4 福祉有償運送サービス

高齢者や障害者に特化した交通サービスが福祉・介護タクシーや福祉有償運送サービスである（図5・4）。これらは図5・2の右方に位置するものであり、特に福祉有償運送サービスは「スペシャルトランスポートサービス（ST）」の1つと位置づけられる。公共交通の衰退の影響を最も受けやすい人は高齢者・障害者である。公共交通があっても使えない、または使いにくい人たちのために特化した乗り物として、福祉タクシー・介護タクシー、福祉有償運送サービスがある。福祉タクシーや介護タクシーは福祉目的に特化したタクシーである。最近では「子育てタクシー」等の新しい工夫も出てきている。これに対し、福祉有償運送サービスはNPO・ボランティア・社会福祉法人・社会福祉協議会等により運行され、福祉的観点から利用料金が安く設定されており、市民協働型の乗り物である。

2002年と2006年に道路運送法が改正され、従来白タク行為として禁止されていた無認可の福祉有償運送サービスや過疎地の有償運送サービスに登録を義務づけて認知することを含む、バス・タクシー事業の「需給調整」一部緩和がなされた。これにより福祉有償運送サービスに市民権が与えられ、法改正後地域による遅滞はあるものの、わが国の福祉有償運送サービスを認知・拡大する成果をもたらした。その半面皮肉なことに、需給調整緩和によりバス事業等の不採算路線撤退が促進されることになり、交通バリアフリー法により普及しつつあるノンステップバスの恩恵も受けられない地域が拡大した。

道路運送法では、福祉有償運送を始めるためには、自治体の福祉有償運送運営協議会で協議が整った後に、国に登録されて活動が始められる仕組みになっている。自治体が積極的にSTを育成した例として、枚方市がある。枚方市では参加団体を大幅に増やすとともに、共同の配車センターも自治体の援助で設置した。これは成功例と言えるが、そこでも、全国的に拡がっているNPO系による運営の経営難をどのように克服するがが課題となっている。枚方市では福祉有償運送と福祉タクシーは共に共同配車センターを構成し、よい分担関係を保っている。しかし、全国的に見た場合、自治体の理解の遅れ、タクシー

図5・4 福祉有償運送サービス 福祉有償運送車両（左）と車両内部（右）。車いす使用者を運べる。

等既存運輸団体の福祉有償運送に対する要求等で「ローカルルール」と呼ばれる許可条件や手続きの「しきい」を高めてしまい、本来の規制緩和の目的が機能しない例も多数見られた。今後これらを克服し、経営的安定のための知恵を出し、福祉有償運送をタクシーと並ぶ高齢社会の重要な公共交通として発展させていく必要があろう。

福祉有償運送サービスをはじめとするスペシャルトランスポートサービスは、まず他のBF施策と並べてニーズをしっかり把握すべきである。BF基本構想の中で、駅や公共施設へ行く時公共交通が利用できない人の数・分布を調べたい。さらに、それに対する方策としてのコミュニティバスや福祉・介護タクシー、スペシャルトランスポートサービスの現状と利用の実情を調べ、これらに対する基本的スタンスを議論して基本構想に盛り込むことである。公共交通を活性化し再生する総合的な「連携の計画」をつくり、公共交通の強固な「ネットワークを形成」する中で、スペシャルトランスポートサービスを振興することがこれからの課題となっている。

5 一般タクシー・福祉タクシー・子育てタクシー

1 一般タクシー

政府は今後一般のタクシーのBF化をめざしてモデル車両を検討している（3章3節4項　タクシーの車両参照）。英国等欧米は従来の乗用車によるタクシーから、高齢者・障害者が乗りやすいバン型のタクシーに切り替えてきた。ロンドンタクシーは昔から背の高い「山高帽」タクシーを使っており、全車車いす対応となっている（図5・5）。

2 福祉タクシー・介護タクシー

福祉タクシーはタクシーの中から福祉に特化したタクシーとして登場した。元来タクシーは高齢者・障害者等の体が不自由で公共交通が利用しにくい人に最適な乗り物である。福祉タクシー、介護タクシー（介護保険の範疇内で使われるタクシー）も高齢者・障害者に使いやすいよう地域的に連携して、大阪府や世田谷区のように「共同配車センター」を設置する例も出ている（図5・6）。

3 子育てタクシー

福祉タクシー以外にもタクシーを特定の目的に特化させる試みがある。子育て中の親子にとって一般のタクシーは時として使いにくい点があるが、子育てタクシーは子育てに特化したタクシーであり、専用のドライバーにより親子が安心して使えるようになっている。現在全国すべての都道府県に拡がっている。通常会員制で、以下のような利用を想定している。

図5・5　国内にも輸入されているロンドンタクシー　いわゆるバン型ではないが、背が高く、車いすが中に入る。（出典：LONDON TAXI NAGOYA HP）

図5・6　福祉タクシー総合配車センター（出典：大阪福祉タクシー総合配車センターHP）

① 子ども連れの主婦が安心して使える
② 妊産婦が安心して使える
③ 学童の登下校、塾通い等の送迎を安心してまかせられる

これらは女性の社会進出や登下校の防犯に対応する等さまざまな役割ももっており、今後の展開が注目される。

4 その他

この他、救急車とタクシーの中間を埋めるものとして救急スペシャルトランスポートも出現している。

6章
公共的な建築物の整備
―技術的基準と実践方法―

POINT 2章で学んだ福祉のまちづくり条例やバリアフリー法（以降、法）の基準をどのように建築物に適応することができるか、その技術的基準の意味と応用手法について考える。まず各種整備の基本となる法の建築物移動等円滑化基準を説明する。ついで建築物の整備でめざすべきユニバーサルデザイン（以降、UD）の考え方と実践方法および事例を紹介する。

1 建築物の主なバリアフリー基準と標準的な解決手法

1 法が求める整備基準

法で求められている整備基準（円滑化基準）は、多くの自治体における福祉のまちづくり条例の整備基準の基礎である。表6・1に示す基準が適用される。ここでは、これら多くの整備基準から、今後特に留意すべき考え方を中心に紹介する。

①廊下、階段、傾斜路

廊下や階段の設計に当たっては、滑りにくい床材の選択、手すりの設置、階段や段の踊場や廊下部分上端での点状ブロック（注意喚起用）の敷設等が基本となる。ブロックについてはさまざまな製品があるので、視認性、剥がれにくいこと等に留意する。また、高齢者施設等施設の状況によってはブロック以外での対応も検討する必要がある。

②便所

便所は、車いす使用者用トイレ、オストメイト用水洗設備、乳幼児用設備、男女共用一般トイレを中心に整備する。わが国の特徴としてトイレの多機能化が進展してきたが、諸外国では空港等大規模施設を除いて多機能トイレはほとんど見られない。

1つの便房で誰もが使える多機能トイレは、結果的に車いす使用者の利用を阻んでいる、という問題が車いす使用者から指摘されるようになった。国土

表6・1 建築物移動等円滑化基準

一般基準　左段（　）内はバリアフリー法施行令の関連条項

施設等	整備の要点
廊下等（第11条）	①表面は滑りにくい仕上げとする
	②点状ブロック等を敷設する（音声案内での対応も可能）*1
階段（第12条）	①手すりを設ける（踊場を除く）
	②表面は滑りにくい仕上げとする
	③段は識別しやすい仕上げとする
	④段はつまずきにくいものとする
	⑤点状ブロック等を上端に敷設する（踊場での転落防止）
	⑥主階段は回り階段としない
傾斜路（第13条）	①手すりを設ける*2
	②表面は滑りにくい仕上げとする
	③前後の廊下等と識別しやすい仕上げとする
	④点状ブロック等を敷設する
便所（第14条）	①1以上の車いす使用者用便房を設ける
	（1）腰掛便座、手すり等を適切に配置する
	（2）車いすで利用可能な空間を確保する
	②1以上の水洗器具（オストメイト対応）を設ける
	③床置式の小便器、壁掛式小便器とする（リップ高が35cm以下）
ホテル又は旅館の客室（第15条）	①客室の総数が50以上に対して車いす使用者用客室を1%以上設ける
	②便所（同じ階に共用便所があれば免除）
	（1）便所内に車いす使用者用便房を設ける
	（2）出入口の幅は80cm以上とする
	（3）出入口は車いす使用者が通過しやすくする（前後に平坦部分）
	③浴室等（共用の浴室等があれば免除）
	（1）浴槽、シャワー、手すり等を適切に配置する
	（2）車いすで利用しやすい空間とする
	（3）出入口の幅は80cm以上とする
	（4）出入口の戸は車いす使用者が通過しやすくし、前後に水平部分を設ける

一般基準　左段（　）内はバリアフリー法施行令の関連条項	
施設等	チェック項目
敷地内の通路 （第16条）	①表面は滑りにくい仕上げとする
	(1)手すりを設ける
	(2)識別しやすい仕上げとする
	(3)つまずきにくい仕上げとする
	③傾斜路
	(1)手すりを設ける*2
	(2)前後の通路と識別しやすくする
駐車場 （第17条）	①車いす使用者用駐車施設を1以上設ける
	(1)幅は350cm以上
	(2)利用居室までは最短経路とする
標識 （第19条）	①エレベーター、便所又は駐車施設の表示を見やすい位置に設ける
	②標識は、内容が容易に識別できるものとする
案内設備 （第20条）	①エレベーターその他の昇降機、便所又は駐車施設の配置を表示した案内板等を設ける
	②エレベーターその他の昇降機、便所の配置を点字や文字等の浮き彫り又は音により案内する
	③案内所を設ける（①、②の代替措置）

視覚障害者移動等円滑化経路（道等から案内設備までの1以上の経路に係る基準）	
案内設備までの経路 （第21条）	①誘導用ブロック等又は音声誘導装置を設ける （風除室で直進する場合は免除）
	②車路に接する部分に点状ブロック等を敷設する
	③段・傾斜路の上端に点状ブロック等を敷設する*2

＊1・自動車車庫に設ける場合
・受付等から建物出入口を容易に視認でき、道等から当該出入口まで線状ブロック等・点状ブロック等や音声誘導装置で誘導する場合
＊2　勾配1/12以下、高さ16cm未満又は1/20以下の傾斜部分は免除

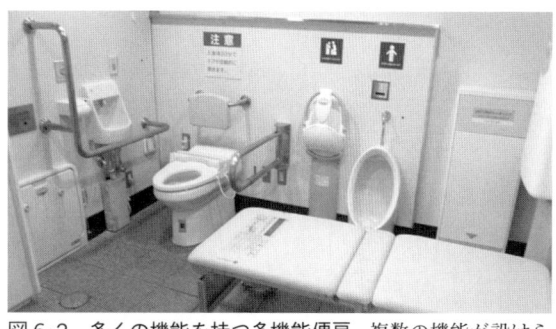

図6・2　多くの機能を持つ多機能便房　複数の機能が設けられており、利用者が重なって、本当に広さが必要な車いす使用者が利用できない場合が生じている。

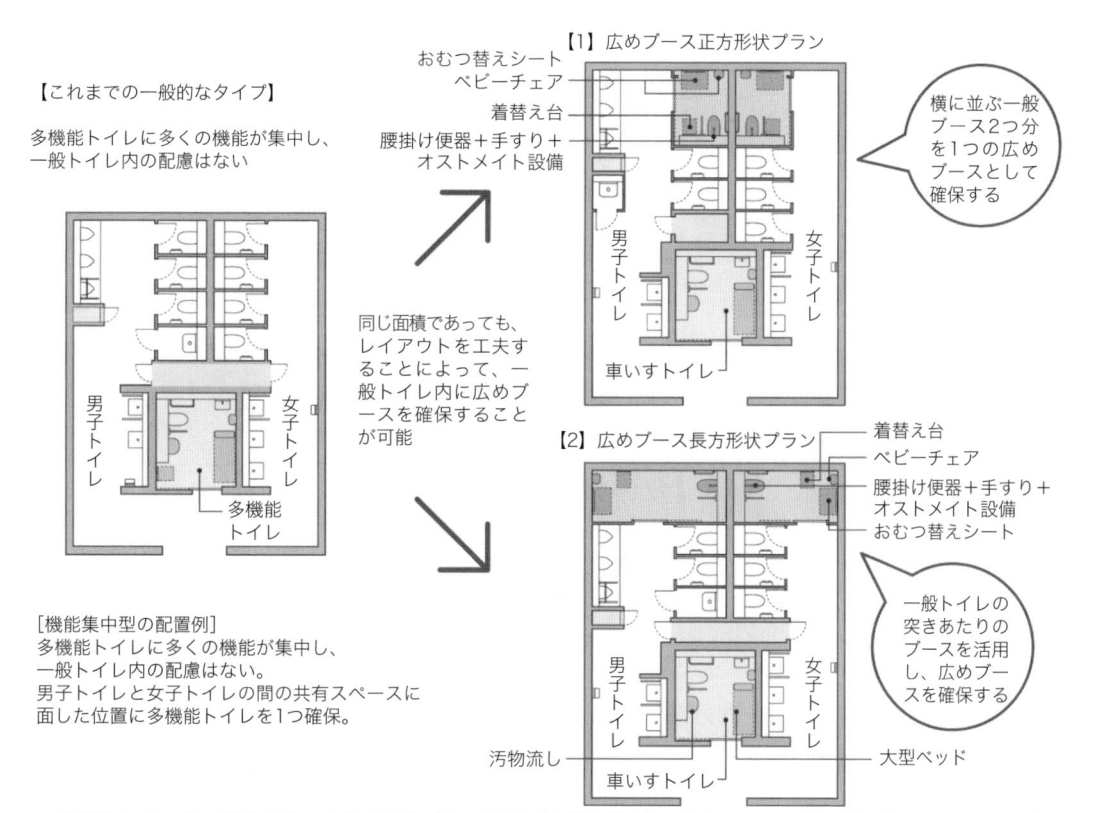

【これまでの一般的なタイプ】

多機能トイレに多くの機能が集中し、一般トイレ内の配慮はない

[機能集中型の配置例]
多機能トイレに多くの機能が集中し、一般トイレ内の配慮はない。
男子トイレと女子トイレの間の共有スペースに面した位置に多機能トイレを1つ確保。

【1】広めブース正方形状プラン

おむつ替えシート
ベビーチェア
着替え台
腰掛け便器＋手すり＋オストメイト設備

横に並ぶ一般ブース2つ分を1つの広めブースとして確保する

同じ面積であっても、レイアウトを工夫することによって、一般トイレ内に広めブースを確保することが可能

【2】広めブース長方形状プラン

着替え台
ベビーチェア
腰掛け便器＋手すり＋オストメイト設備
おむつ替えシート

一般トイレの突きあたりのブースを活用し、広めブースを確保する

汚物流し　　大型ベッド
車いすトイレ

図6・1　多機能トイレ内の機能分散の方法（出典：国土交通省「多様な利用者に配慮したトイレの整備方策に関する調査研究報告書」をもとに一部変更、TOTOパブリックレポート04 2012）

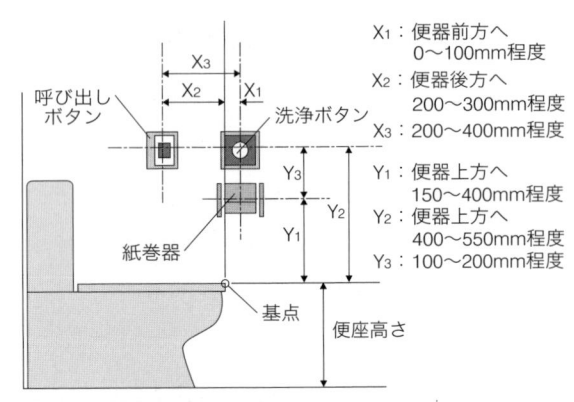

図6・3　操作系設備のJIS化（JIS S0026）

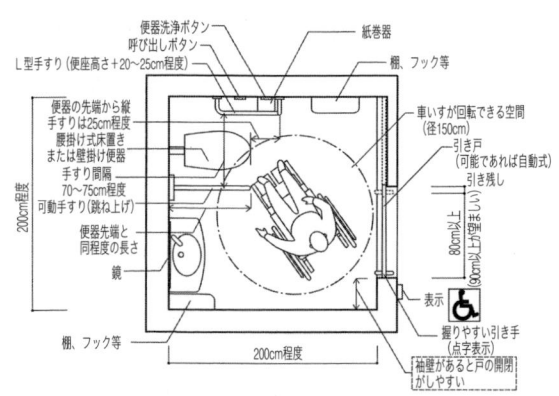

図6・4　車いす使用者用便房の標準（出典：国土交通省「高齢者、障害者の円滑な移動等に配慮した建築設計標準」2012）

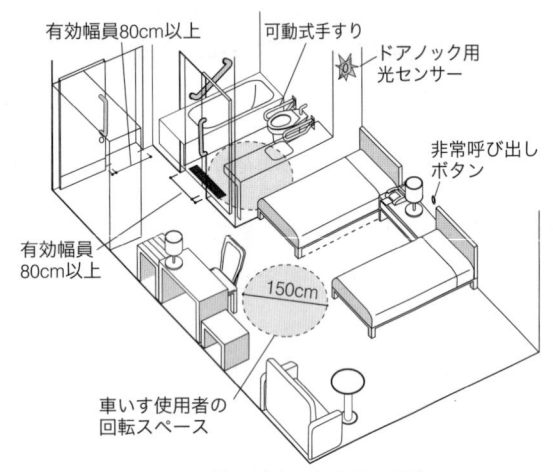

図6・5　バリアフリー法に対応したホテル客室

交通省はこの問題を捉えて、2012年度におこなった建築物設計標準の改訂において、今後は1便房ですべての機能をまかなう方法から、多機能トイレの機能を分散化し、それぞれの利用者が利用しやすい便房や設備を配置し、便所全体でUD化を図る方向性を示した（図6・1、6・2）。

2012年度に改訂された建築設計標準では、次のような便所整備の方針が記されている。

整備の優先順位として、

・車いす使用者の利用と乳幼児連れの方の利用が重ならないように配慮する
・車いす使用者用便房とオストメイト用便房については、それぞれ専用に設けることも検討する
・車いす使用者用便房以外にやや広めの便房を設け、乳幼児連れの方や高齢者等の利用者が利用しやすい環境を整備する
・1以上の車いす使用者用便房は男女共用とし、幼児や高齢者等の異性の介助に配慮する
・小規模施設の場合は、1便房で多機能化を図るが、付加する機能については利用状況を十分検討する
・既存施設の改修において車いす使用者に十分な広さの便房が設けられない場合は、標準的便房よりやや狭い空間で対応することも検討する

図6・3、6・4は、操作系設備のJIS基準である。目の不自由な人でも操作ボタンがわかるように、紙巻き器、流しボタン、呼び出しボタンの位置を統一した。

③ホテルまたは旅館の客室

ホテルのBF、UD化には、客室の整備が不可欠である。法では、客室数50室以上に対して1%以上の車いす使用者用客室を設けなければならない。図6・5は法にもとづく標準的なホテル客室の整備方法である。客室内での車いす使用者の移動、バスルーム利用が基本整備となるが、聴覚障害者のための緊急通報システム等、情報提供への配慮も忘れてはならない。今後の客室整備の方向としては、1室のみで車いす使用者を受け入れる配慮から、多くの客室で車いす使用者以外の利用者にも提供できるようなUD

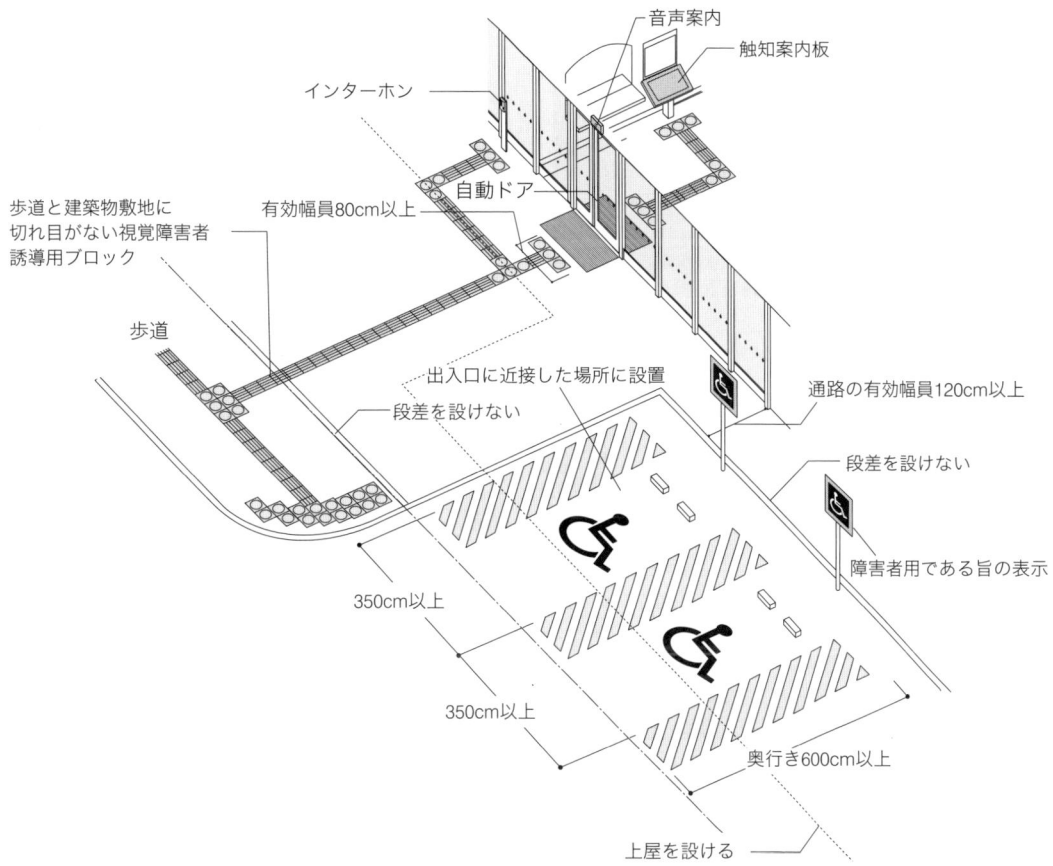

図6・6 敷地内通路、駐車場

仕様が望まれる。ちょっとした工夫と設計配慮で誰もが利用しやすい客室の整備につながる。

④敷地内通路、駐車場

建物の駐車場から敷地内通路、そして玄関（受付）に至る経路は段差等が生じない配慮が必要である。また、道路や駐車場から連続して設けられる視覚障害者誘導用ブロックは最短経路で直線的に敷設されることが望ましい。その際には視覚障害者の動線計画について十分に考慮することが必要である。また、音声案内により、ブロック敷設を代替することも可能である（図6・6）。

障害者用駐車場には極力屋根を設け、雨天時にも利用しやすいよう配慮する。近年では大型の専用リフト付きバスの運行も少なくなく、大規模商業施設等においては広めの福祉車両専用を設けることが望まれる（図6・7）。

図6・7 やや広めの福祉車両専用スペース

この他、緊急時の避難経路の確保を含めて施設の案内設備（図6・8）は、今後益々重視される必要がある。

図6・8 わかりやすい移動等円滑化経路と避難経路の表示

2 建築物整備がめざすUD

これからの建築整備の課題は、既存店舗、公共施設、小規模店舗のBF化である。その方向は可能な限り多くの人が利用できるUDの視点である。しかし、形だけのUDではなく、利用者が参加したUD化でなければならない。もちろん特定の人が個別に求めるニーズにも十分に配慮しながらUDを推進する必要がある。

よく知られているUDの7原則は建築物に限らず広範なデザインに適合するようにつくられているが、本章では建築物用に解釈を加えて実際の建築物事例から多様なUDの達成方法を紹介する。

不特定多数の利用者が多い商業施設や、日常の生活に密接な関わりをもつ公共施設では、多くの人に愛される建築物であるべきである。このことがUDの推進に欠かせない。以下、ロン・メイスらによるUDの7原則を実際の建築物の整備に照らして解釈を加えてみよう。

①建築におけるUDの7原則

公平性：誰もが施設・設備を特段の不自由なく利用できること。可能な限り特別な仕様、利用形態でなく、不自由なく施設が利用できること。物理的環境で利用者の差別をおこなってはならない。

柔軟性：身体的な特徴により施設や設備の利用が制限される場合には、利用者に適した利用方法が柔軟に選択できることが望ましい。劇場等における個別ブースの配慮もその1つである。

直感性、単純性：施設の配置、移動経路、施設の利用方法、設備の操作方法が小さな子どもや高齢者にも簡単にわかること。特にエレベーターや階段、トイレの位置、出入口等のわかりやすさは必須である。避難動線が単純明快であることは言うまでもない。

認知性：施設の利用、避難誘導、説明方法を示す案内・サインは絵文字（ピクト）と文字（外国語表記を含む）の併用によりわかりやすいこと。また必要に応じて、多言語表記、触知図、音声案内等にも工夫し、視覚や聴覚等知覚障害のある人にも十分な利用情報の提供ができること。ピクトグラムは明度、彩度、色相等に十分留意する。

安全性、許容性：転落やスリップによる重大事故につながらないように十分配慮する。通路上にある看板等では幼児や視覚障害者の移動に支障がないよう十分配慮する。間違った使用方法の場合でもミスが最小限になることが求められる。

効率性：心身の負担がなく施設・設備が利用できること。特別な施設や設備を用意することではなく、同じ設備や空間で多くの人がともに円滑に利用できることが望ましい。しかし、多機能トイレのように1つの便房に多くの人が利用集中し、本当に利用したい人が利用できない状態は避けなければならない。

スペース、サイズ：利用の個人差に対応できることがUDの基本である。介助が必要な人、動作が標準的な人と異なる人。こうした利用上の特別な条件に柔軟に適応できるスペースやサイズを有することが必要である。

②UDをめざす整備手法

公共施設であるか、民間施設であるかにより建築物のUDを達成する手法は異なるが、作業プロセスがきわめて重要になる。このプロセスを図6・9に示す。大まかに見ると、①構想、事業化の検討段階、②設計者選定の段階、③基本計画の段階、④実施設計、施工段階、⑤施設オープンの段階、⑥維持管理の段階に区分され、一貫して、利用者の意向、参画

が求められていることであり、同時に経験情報の集積と公開、事業の検証による次事業への展開が目標とされることである。スパイラルアップはUDの検討過程から生まれているが、いわゆるPDCA（Plan-Do-Check-Action）サイクルと同義語である。公共施設の場合にはこのようなプロセスはそれほど難しくはないが、民間施設では大規模商業施設であっても市民、利用者の意向を反映した計画プロセスを経ることは難しい。

しかしながら、建築主や設計者は絶えず、こうしたプロセスの必要性を理解しながら施設用途や事業規模にあった整備手法を求める必要がある（図6・9）。

構想・事業化の段階	：行政方針、市民の意向調査、高齢者・障害者等の参画による事業化検討、施設の調査研究
設計者選定の段階	：住民参加によるプロポーザル公開コンペ、BF、UDの目標設定、UD導入手法の協議、UDチェックリスト作成
基本計画の段階	：動線計画、円滑化経路、各必要空間の広さ、UD目標の設定、市民、利用者が参加した検討会の実施
実施設計・施工の段階	：水回り空間、サイン・誘導案内等のモックアップによる図面検証。現場における寸法等チェック
施設オープンの段階	：完了検査、UD目標の達成確認、改修の必要性の有無、市民、行政、施設管理者による管理体制協議
維持管理の段階	：利用者による継続的な事後評価、必要な改善計画、適切な維持、更新、整備経験の広報活動、他事業へ展開

図6・9　UDをめざす整備手法

3 建築物におけるUD整備事例

1 福祉系集会施設

本事例は、夜間緊急医療センターを有する健康、福祉系の集会施設として計画された。特徴としては、施設の構想時から住民参加による検討の場が設けられ、公開によるプロポーザルコンペを経て、基本設計、実施設計に至った。この設計過程においては自治会、高齢者、障害者団体を含む幅広い住民参加が継続され、UDの考え方による計画チェックも継続された。施工時には設備の設置位置、形状が検討された。インテリアデザインでは小学生の参加による壁面デザインのワークショップが開催された。

また、施設の開館に備えて運営ボランティアの募集がおこなわれ、研修がおこなわれた。運営ボランティアは、運営、広報、託児、緑化の4グループである。

施設は福祉、医療系の施設であるが、開館後は老若男女の利用が活発に展開され、一般的なコミュニティ集会施設としての機能が十分に発揮されている。

企画、設計から施工に至る一連の行為に置いて住民参加を取り入れたUDの好事例である。

●建築概要（竣工2007年）

建築規模：敷地面積：4818.1m^2
　　　　　延床面積：9428.83m^2
　　　　　構造規模：地上5階鉄骨造
施設用途：夜間救急医療センター、福祉相談室、会議室、集会室、託児室、ボランティア活動室、展示コーナー、軽食コーナー

図6・10　ぬまづ健康福祉プラザ

● UD の特徴

　UD の取組みはプロポーザルコンペ以降の基本設計段階から本格的に開始され、ほぼ計画初期から建築の UD が取り組まれた稀有なケースである。市民参加と UD をキーワードに全体計画、平面計画、さまざまな設備、什器、駐車場計画が UD の対象となった。

図6・11　多様な利用が期待される市民活動室　固定の間仕切りをなくし、活動の内容や規模により柔軟に対応できる。

図6・12　踊場と壁仕上げとのコントラストを強調したわかりやすい階段　踊場には鏡を設け聴覚障害者にも利用しやすい。

図6・13　階段の壁面に設けられた階数表示　大きくて見やすい色調である。この他、サインは床面、室内壁面等を利用し突き出しサインを省力化している。

図6・14　幼児連れの利用者のために、最上階5階に設けられた託児スペース　屋外空間と一体となった遊具スペースは明るく開放的である。

図6・15　ワークショップ　固定された設計検討メンバーのみでなく多くの市民が参加した。

2 大型商業施設

本事例は大型商業施設における次世代型UD事例である。本格的な少子高齢社会を見据えて、高齢者の健康づくり、乳幼児対応、障害者の配慮方法に力点を置いている。

UDの検討に当たっては、事業者、企画コンサルタント、各部門設計者（本体設計、設備設計、サイン設計、屋外環境設計）、大学教員で構成された検討会が主導した。

検討内容は、店舗開発事業者としての少子高齢社会に対応する新たなコンセプトの提案〈シニアシフト〉を重視し、国の建築設計ガイドラインや購買層の変化を大胆に予測しつつ、従前の大型小売店舗仕様を見直す方向性で検討が進められた。

● 建築概要（竣工 2013 年）
建築規模：敷地面積：5万 2650m²
　　　　　延床面積：8万 1800m²
　　　　　構造規模：店舗地上3階
　　　　　　　　　　駐車場棟地上5階
施設用途：ショッピングセンター

● UDの特徴

乳幼児から高齢者までの幅広い客層に配慮し、利用者一人ひとりに対応する施設、設備計画を進めている。オープンスペースをしっかり確保し、誰もが気楽に利用できるランニングコースや健康器具を設けている。

図6·16　車いす使用者用トイレ　機能分散をめざして従来の多機能トイレの機能を軽減した。

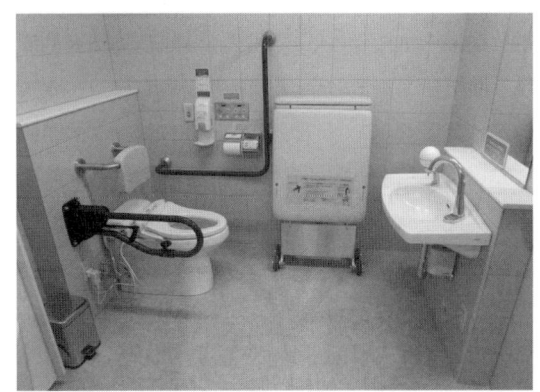

図6·17　車いす使用者用トイレ内部　機能をオストメイト用水洗器具と大型ベッドに限定。乳幼児用設備は便房外へ移動した。

図6·18　従来の幼児用洗面器　高さは低いが奥行きや水洗金具は大人用で使いにくいものであった。

図6·19　新幼児用洗面器　奥行きを浅くし、洗面用具も使用しやすいタイプに変更した。

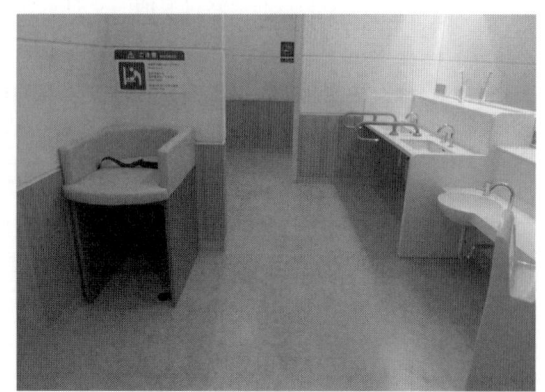

図6・20 乳幼児ベッドの位置　機能分散に伴い、乳児用おむつ替えベッドは完全に一般ブースへ移動。これにより車いす使用者と乳幼児連れの人の多機能トイレでのバッティングを解消した。

図6・21 福祉車両専用の乗降スペース　障害のある利用者の多様化に伴い、やや大型の福祉車両にも乗降可能な専用スペースを確保した。

図6・22 障害者用専用駐車場　他県のパーキング・パーミッド制度を利用登録している人も停められる専用スペース。この他、やや広めの駐車場も設けられている。

図6・23 健康広場　誰もが気軽に利用できるように、店舗周囲にはランニングコースを、広場には健康器具が設置されている。

7章
住宅政策と住宅
―個々のニーズに応える環境づくり―

POINT 住宅は、家庭生活や地域生活のための拠点であり、住むための大切な器である。そのためには、安心、快適な環境が整っていなければならない。高齢者、障害者にとっての住宅とは何か、高齢者や障害者のニーズに対応した住まいにはどのようなものがあるか、人にやさしい良質な住宅をどのように確保し、心身機能の低下に対してはどう改修していけばよいか。本章では高齢社会における住宅を取り巻くさまざまな住宅政策と快適な住環境づくりについて述べる。

1 高齢者、障害者等の住まいの問題と課題

　高齢社会における住宅問題は、高齢者、障害者ばかりではなく、子育て世代、母子世帯、DV 被害者、ホームレス等に及ぶ。地域で安心して暮らすことができる住宅確保の問題点はさまざまにある。住宅のバリアフリー（以降、BF）化については、新築の戸建て住宅では、BF 助成や融資も比較的対応しやすいが、既存住宅の改修や改善には、介護保険による改修支援が中心で、十分な制度が整っているとは言いがたく、高齢者本人、家族の負担も重い。BF 改修では日本独特の木の文化であること、住宅構造や敷地面積上の制約問題が生じやすく容易ではない。

　過去日本家屋の多くは木造でつくられ、都市部やその周辺では地方公共団体によって定められた建蔽率（敷地に建てられる建築面積割合）の最大許可範囲のぎりぎりで建設されるため、その後に住宅の規模を自由に拡げることは簡単なことではない。住宅の BF 化に当たっては、寝室、浴室、便所、玄関等、どうしても空間を拡げなければならない箇所が少なくない。部屋の交換や柱、壁の変更が可能であれば改修できるが、コスト負担が高まる。

　また、日本家屋の特徴として、玄関には屋外と屋内を明確に区分する上がり框（かまち）という高さ 30cm から 45cm 程度の段がある。靴の履き換えはこの上がり框でおこなう。しかし、車いす使用者ではなくても、加齢とともにこの段差を自力で乗り越えることが困難になる。

1 長寿社会対応住宅設計指針からシルバーハウジングへ

　わが国にける住宅の BF 施策は、1995 年に制定された長寿社会対応住宅設計指針（表 7·1）により本格的に始まった。加齢に伴う一定の身体機能の低下があっても、可能な限り自宅に住み続けられるという住宅づくりのコンセプトを掲げ、将来にわたる良好な住まいのストックをその目的とした。この指針

表 7·1　長寿社会対応住宅設計指針概要（1995）

[目的]
・加齢等による身体機能の低下や障害が生じた場合でも住み続けられる住宅設計指針を示す ・高齢社会に対応した住宅ストックの形成を図る
[適用範囲]
・新築住宅（建替え含む） ・一般的な住宅設計上の配慮事項とする。現に障害等がある場合は本指針以外の対応も必要となる
[住宅設計指針]（通則部分の要点）
・玄関、便所、洗面所、浴室、脱衣室、居間、食事室、寝室はできる限り同一階とする ・住戸内の床は原則として段差を設けない。玄関、浴室、バルコニーは除く ・階段、浴室、老化等には手すりを設ける ・通路、出入り口は介助用車いすの使用に配慮する ・床、壁は滑りにくく、転倒等安全性に配慮する ・建具は開閉しやすく把手は使いやすさに配慮する ・居室間の温度差をできる限り少なくするよう温熱環境に配慮する

は当時の住宅金融公庫（現在の住宅金融支援機構）のバリアフリー融資優遇基準[注1]として採用され現在に受け継がれている。その結果、新規住宅建設や公的住宅では、ある程度設計段階からのBF化が推進されるようになる。

1990年代には住宅改修により住み続けられる居住条件を確保することと並行して、高齢者同士が「集まって住む」方式が動き出す。シルバーハウジング制度（1986）である。1980年代の後半から増加を見せ始めた高齢者単独世帯の増加に伴う高齢者世帯向け住宅対策であり、地方公共団体が地域における高齢者住宅計画を策定し、建設戸数の数値的目標を掲げた。その結果創設されたのがシルバーハウジングである（図7・1）。

シルバーハウジングは、公団、都道府県等の地方公共団体等で90年代に順次拡大されたが、2000年以降新規住宅建設の動きはあまり見られていない。介護保険制度の浸透とも無縁ではないと見られる。自治体によっては民間借り上げアパートでシルバーハウジングを提供しているところも多い。平均年齢が80歳を超えている入居者の継続居住や、賃貸住宅のオーナーも高齢化する傾向にあり、今後の行政支援のあり方が課題である。

2 介護保険制度以降

2000年の介護保険制度の施行に当たっては介護保険による住宅改修の制度もつくられ、最大20万円の改修助成という枠組みではあるが一定の居住継続と在宅介護を可能とした。2001年、「高齢者の居住の安定確保に関する法律」（高齢者住まい法）が成立、高齢社会を見据えた本格的な住宅政策が登場した。この法律にもとづいて改めて高齢者住宅のあり方、居住水準、住宅のBF化水準等が議論され、民間賃貸住宅における高齢者の継続居住に関わる新たな支援策が展開されている。

2006年には、さらなる高齢社会等に対応する住生活基本法が成立し、21世紀における住生活の基本方針と具体的な計画目標が策定された。住生活基本法では、地方公共団体ばかりでなく、民間の住宅業者にも国民の生活安定を図る責務がうたわれた。

2011年には高齢者住まい法が改正され、それまでの高齢者住宅を統廃合する形で「サービス付き高齢者向け住宅」が新たに制度化された。

以上のように発展してきた高齢社会の住宅政策ではあるが、今後の人口構造や社会構造の変化、要介護高齢者の増加に対して、次のような課題が指摘さ

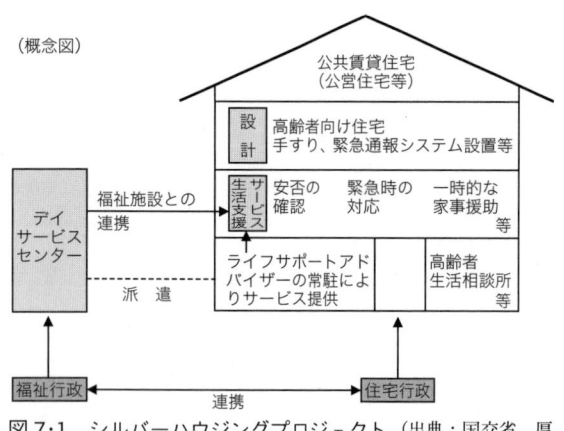

図7・1　シルバーハウジングプロジェクト（出典：国交省、厚労省資料）

> **Column ♣ シルバーハウジング**
>
> 住宅施策と福祉施策の連携により、高齢者等の生活特性に配慮したBF化された公営住宅等と、生活援助員（ライフサポートアドバイザー）による日常生活支援サービスの提供をあわせておこなう、高齢者世帯向けの公的賃貸住宅の1つ。住宅の供給主体は地方公共団体、都市再生機構、住宅供給公社である。入居対象者は、高齢者単身世帯（60歳以上）、高齢者夫婦世帯（夫婦のいずれか一方が60歳以上であれば可）、高齢者（60歳以上）のみからなる世帯、障害者単身世帯または障害者とその配偶者からなる世帯等である。住宅は一定のBF仕様で、緊急通報システムが設けられている他、入居者に対する日常の生活指導、安否確認、緊急時における連絡等のサービスを提供する生活援助員（ライフサポートアドバイザー）が配置されている。

れている。
① 75歳以上の後期高齢者や高齢者単独世帯の増加に対する住まいの場の確保の問題
② 要介護者の増加に対する介護者の確保の課題、多様な居住の場の選択のあり方
③ 高齢者世帯の住宅の維持管理と空き家住宅の再活用の課題、特に地方都市での顕在化
④ 経済的に困窮する高齢者、障害者世帯の住宅確保と公営住宅の量と質の計画的配置（効果的な空き住戸の再活用も課題）
⑤ 既存家屋や賃貸住宅、分譲住宅に対するBF改修の金融支援策の強化
⑥ 住宅地周辺の交通機関、道路、公園等のBF化の推進

そこで、国土交通省は2011年の住生活基本法にもとづく住生活基本計画を閣議決定し、「高齢者、障害者等の住宅セーフティネット」（表7・2）による新たな施策の展開を図ることとした。前述したように2011年には高齢者住まい法を改正し、多様な高齢者の居住と介護の場の創出に向けて「サービス付き高齢者向け住宅」を創設した。

2 高齢者、障害者向け公的住宅の種類

今日における高齢者、障害者世帯に対する住宅の種類は次のものがある。

① 公営住宅（一般）

入居に際しては、新築公営住宅、既存公営住宅の空き室発生により一般公募が公開される。応募は高齢者世帯、障害者世帯の場合、および単身世帯の場合には優先入居制度が設けられている。車いす使用者の場合は、車いす使用者世帯向け住戸があり募集が異なることがある。入居後の住戸のBF改修も可能であるが、退去時には民間賃貸住宅と同様、原状回復が求められることもある。

長寿社会対応住宅設計指針以降の新築公営住宅で

表7・2 高齢者、障害者向け住宅セーフティネットの主要施策

- サービス付きの高齢者向け住宅の供給促進
- 高齢者、障害者等の地域における福祉拠点等を構築するための生活支援施設の設置促進
- 低額所得者等への公平かつ的確な公営住宅の供給
- 各種公的賃貸住宅の一体的運用や柔軟な利活用等の推進
- 高齢者向け賃貸住宅の供給、公的住宅と福祉施設の一体的整備

は、エレベーター等共用空間で一定のBF化が図られている。

② シルバーハウジング（高齢者集合住宅）

公営住宅や公団住宅（1955（昭和30）年日本住宅公団発足、2004（平成16）年独立行政法人都市再生機構〈略称「UR都市機構」〉となる）、および公共団体が借り上げた民間共同住宅によるもの等がある。生活援助員（LSA：ライフサポートアドバイザー）が常駐または通勤して日常生活のサポートをおこなう。

③ サービス付き高齢者向け住宅

サービス付き高齢者向け住宅は、2011年の高齢者住まい法の改正によって新設された、一定のBF化と安否確認や生活相談サービスが常設された住まいである。シルバーハウジングは各住戸単位が独立している一般的な共同住宅型であるが、サービス付き高齢者向け住宅は、ユニット型高齢者居住施設の一種として見られる。この住宅制度の特典として、事業者は施設の建設や所得税、固定資産税、不動産取得税の軽減措置が得られる。利用者にとっては、住宅やサービス内容が開示され、安心して必要とする住宅とサービスを選択することできる制度である。

事業者がサービス付き高齢者向け住宅を実施するためには、次の基準を満たす必要がある。

① 住宅：床面積は原則25m²以上（自治体によって最低基準面積が異なる）、便所・洗面設備等の設置、BF（床の段差解消、手すりの設置、廊下幅の確保）
② サービス：少なくとも安否確認・生活相談サービスを提供し、他に介護、医療、生活支援サービスを提供すること

③契約：入居者と事業者は、住宅の賃貸部分については一般的な賃貸借契約を結び、各種サービスについて必要なサービスを選択して契約する

一定の居住権を保障しながら、必要に応じた生活支援サービスを受ける仕組みであるが、加齢の進行や心身機能の低下も必然であり、運営者としては、シルバーハウジングよりもさらに多様な生活と人権保障が不可欠な高齢者住宅でもある。

④公営住宅におけるグループホーム

公営住宅のグループホームとしての利活用は1992（平成4）年より始まる。1996年に公営住宅法が改正され、グループホームが明確に位置づけられた。当初の利用対象者は精神障害者、知的障害者であったが、2000年からは認知症高齢者にも拡大され、さらに2006年からはホームレスの自立支援のためにも幅広く活用されている。しかしながら、認知症高齢者のグループホームとしての利用は、全国的にもまだまだ少ない現状にある。公営住宅の立地状況や集合住宅形態の他、既存公営住宅のBF改修が進まないことも理由としてあげられる。

⑤施設居住から地域居住へ向かう障害者世帯への住宅

障害者世帯の居住形態の多くは在宅居住であるが、ノーマライゼーションの実行のために福祉施設から地域生活への移行がうたわれ、グループホーム等の供給促進が急務となっている。2009年には、精神障害者、知的障害者に加え身体障害者もグループホームが利用できるようになった。公営住宅の活用については、国（国交省、厚労省）から地方公共団体への整備促進が求められている。

公営住宅におけるグループホームの運営は、地方公共団体の他、社会福祉法人、医療法人、NPO団体等が可能である。この他、民間住宅（戸建て、共同住宅）を活用したグループホーム事業も今後拡充が見込まれている。

3 住宅改修

1 介護保険による住宅改修制度の概要

介護保険制度で要介護者に認定されたものが、自宅の段差解消や便所や浴室に手すりを取り付ける等の住宅改修を実施する時は、介護保険制度を利用することができる。申請に必要な住宅改修書類（住宅改修が必要な理由書等）はケアプランを作成したケアマネージャー（介護支援専門員）に依頼したり、住宅改修に詳しい工務店が代行することができる。

介護保険による住宅改修費には、支給限度額（20万円）が設定され、その内1割が利用者負担となる（利用上限18万円）。なお、要介護度が3段階以上に上がった場合には再度の利用ができることとなっている。東京都等地方公共団体によっては介護保険制度に加えて、予防給付による住宅改修制度や要介護認定の枠を超えた住宅設備改修給付制度を実施しているところもある。

一方、障害者世帯に対する住宅改修制度は、全国の多くの地方公共団体で重度障害者向け住宅改善助成制度が実施されている。この場合は介護保険制度の適用範囲外であり、65歳未満を対象に、一部所得制限を設けている場合がある。

2 介護保険制度による住宅改修の種類

①手すりの取付け

敷地通路、玄関、廊下、便所、浴室等に設置する転倒防止のための手すりである。高さ等には十分に留意する必要があり、また転倒の恐れがある箇所の設置には、衝突等に十分配慮する（図7・2、7・3、7・4）。

②段差の解消

段差の解消には、室内だけではなく、敷地内の玄関から道路境界までが含まれる。階段昇降機やリフターによる段差解消にも助成される（図7・5、7・6）。

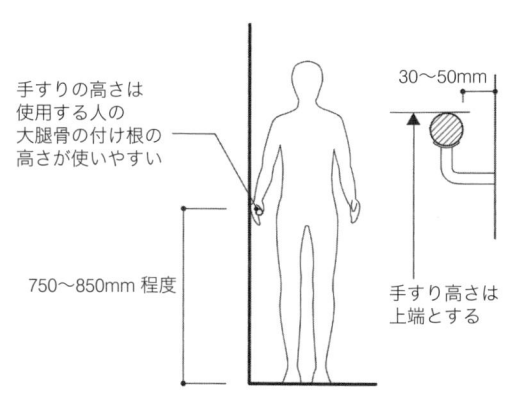

図7・2　手すりの設置高さと形状（出典：髙橋儀平監修、木造住宅の高齢者対応研究会「住宅バリアフリー改修ノート」2010、p.26）

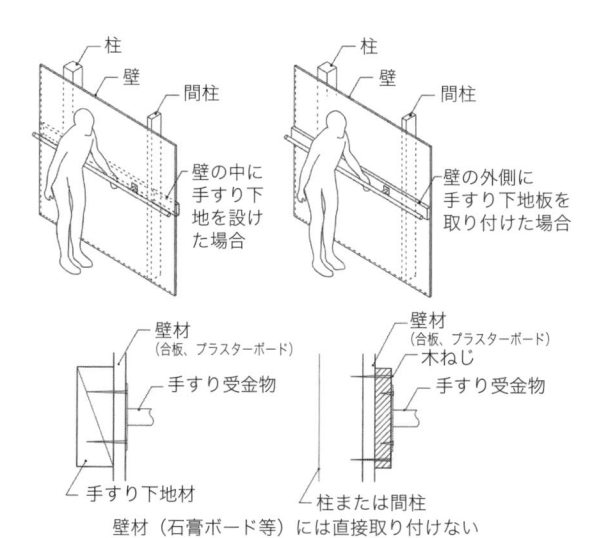

図7・3　手すりの取り付け方法（出典：前掲書「住宅バリアフリー改修ノート」p.26）

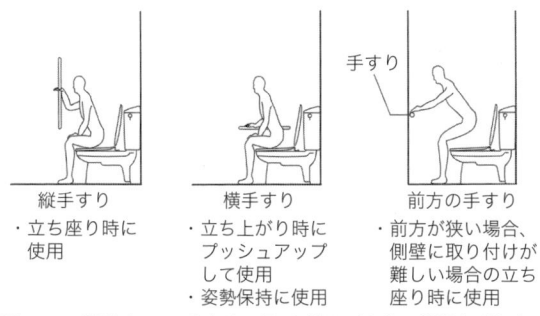

図7・4　便所内での手すりの取り付け（出典：前掲書「住宅バリアフリー改修ノート」p.34）

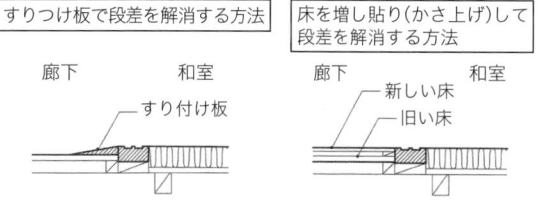

図7・5　廊下と和室の段差の解消（出典：前掲書「住宅バリアフリー改修ノート」p.27）

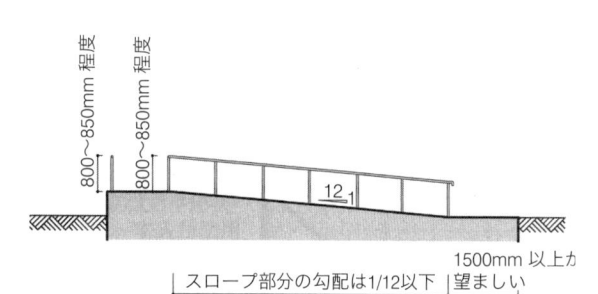

図7・6　傾斜路（スロープの設置方法）（出典：前掲書「住宅バリアフリー改修ノート」p.18）

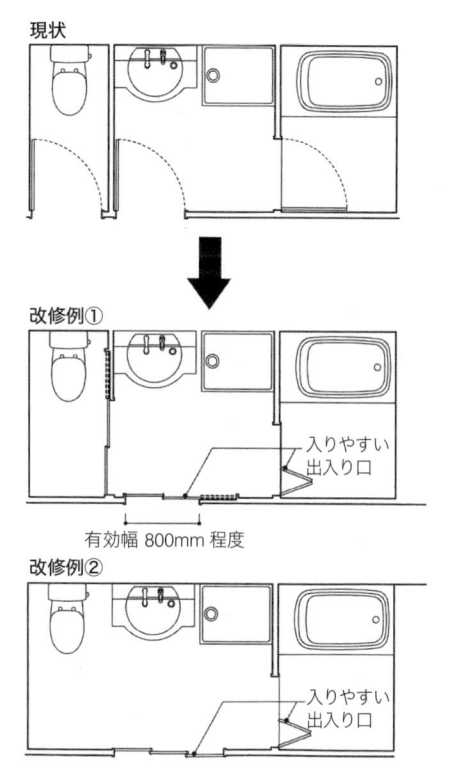

図7・7　便所と洗面所、浴室の改修例（壁、床材ドアの改修工事の例）（出典：前掲書「住宅バリアフリー改修ノート」p.38）

③床滑りの防止および移動の円滑化等のための床または通路面の材料の変更

浴室の床材の変更、居室の畳から板材への変更、通路面の滑りにくい床材への変更等をおこなうことができる。

④引き戸等への扉の取替え

円滑な移動空間を確保するために、開き戸から引き戸、折れ戸への変更等をおこなうことができる。

⑤洋式便器等への便器の取替え

和式便器から洋式便器(腰掛式便器、洗浄機能付き便器)へ取り換えることができる。

⑥その他前各号の住宅改修に付帯して必要となる住宅改修

住宅改修に伴う壁や柱の工事、給排水工事、壁の下地補強工事等(図7・7)。

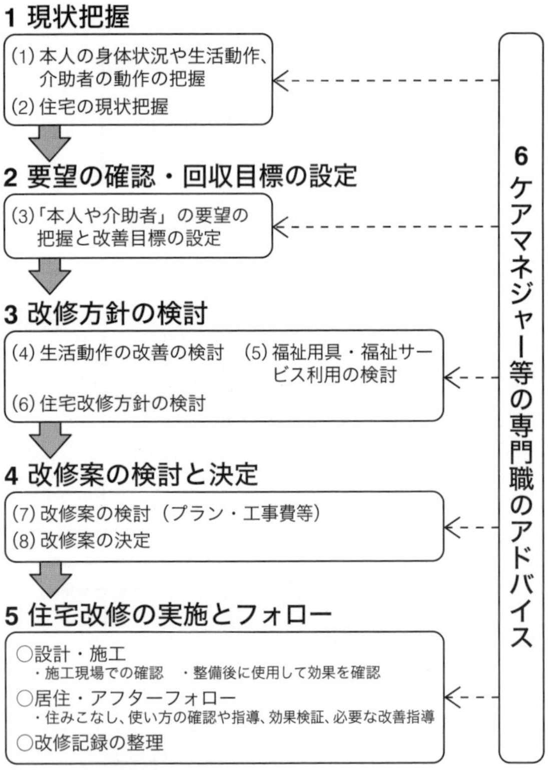

4 これからの住宅のBFをどう進めるか

高齢者等の住み手にとって有効な住宅改修の方法とはどのようなものであろうか。居住者年齢が高まる一方で、新規住宅建設時点でのBF化については、一定の進捗が見込まれる。多くの場合は、引き続き高齢者、障害者の生活動作の自立と住宅内でのケアを前提とした住宅改修が見込まれると考えられるが、介護保険制度の導入時点とは大幅に空間やコストの対応が変化していくと考えられる。以下、これまでの住宅改修を踏まえた今後の課題を述べる。

1 住宅のBF改修を多面的に捉える

当然ではあるが住宅改修に画一的な解は存在しない。たとえ同じ障害名であっても家族構成や家屋状況の違いにより生活動作の困窮度は異なる。加えて本人の生活意識、生活意欲によって改修すべき目標が変わってくる。生活意欲が高ければ、住宅改修の目標は高くなり、生活の質や環境を改善する意義が高まる。

人は誰でも、可能な限り健康で移動制約のない生活を送りたいと考えるが、確実に老いていく。住宅のBF化についても、変化がつきものである。一度改修すればそれで終わりということではない。心身機能の変化とともに次から次へと改修のニーズが変化する。場合によっては心身の回復により改修を必要としない状況も生じる。また時には改修したものが役に立たないことも生じる。こうした可能性や変化をいかに事前に見い出すことができるか、住宅の改修に関わる人びととの命題である。

2 住宅改修の手順と多様な専門職との連携

そのためにも、住宅改修に関わる専門職の人びととのネットワークが欠かせない。どんなに住宅改修を多く手掛けていても、建築士や工務店だけでは適切

1 現状把握
 (1) 本人の身体状況や生活動作、介助者の動作の把握
 (2) 住宅の現状把握

2 要望の確認・回収目標の設定
 (3)「本人や介助者」の要望の把握と改善目標の設定

3 改修方針の検討
 (4) 生活動作の改善の検討
 (5) 福祉用具・福祉サービス利用の検討
 (6) 住宅改修方針の検討

4 改修案の検討と決定
 (7) 改修案の検討(プラン・工事費等)
 (8) 改修案の決定

5 住宅改修の実施とフォロー
 ○設計・施工
 ・施工現場での確認 ・整備後に使用して効果を確認
 ○居住・アフターフォロー
 ・住みこなし、使い方の確認や指導、効果検証、必要な改善指導
 ○改修記録の整理

6 ケアマネジャー等の専門職のアドバイス

図7・8 住宅改修の手順(出典:前掲書「住宅バリアフリー改修ノート」p.2)

な解が見い出せないことが少なくない。図7・8では、住宅や心身機能の現状を把握し、どこにどのような理由で居住問題が生じているのか、改修のゴールをどこに置くのか、さらに改修後のフォローが重要であることを手順として示している。特に改修案の提示段階では、介護保険制度を利用した場合でも、残りの費用を誰が負担するのか、不要なコストがかかっていないか等の工事費用のチェックが重要である。同時に本人の生活や身体的な情報を得るために医師、リハビリテーションに関わる専門職、ケアマネージャーとの意思疎通が重要になる。

3 住宅とまちのBFの水準アップへ

住生活空間のBFは住宅の改修だけではダメである。生活や健康の維持には外出が不可欠であり、周辺の道路、公園、さらに駅や交通機関との連続性が何よりも大切である。ドアツードアの介護タクシーや自家用車を利用する場合であっても、訪問先や施設のBF化が求められる。つまり、住宅のBF化はある人の生活改善であることに違いないが、結果的にまちや交通機関のBF水準のアップにつながっているのである。

注
注1）床のフラット化、出入口や廊下の幅員、浴室や便所の手すり等で高齢化対応としてのBF融資優遇基準が設けられている。

参考文献
1）国土交通省『高齢者住まい法』
2）国交省住宅局住宅総合整備課「住宅セーフティネット」『住生活基本計画』
3）髙橋儀平監修、木造住宅の高齢者対応研究会編『住宅バリアフリー改修ノート』㈶トステム建材産業振興財団、2010
4）東京都住宅バリアフリー推進協議会HP

8章 公園・観光施設
―生活と余暇、健康を守る環境づくり―

POINT 公園、観光施設、文化遺産は、生活と余暇を楽しみ、健康を増進する究極のユニバーサルデザイン（以降、UD）であるべき空間である。公園計画では園路や各種付帯施設のバリアフリー（以降、BF）化を考えるだけでなく、近年重視されている防災拠点、仮設住宅建設の場としても計画しなければならない。自然環境や文化遺産との調和を図りながら、公園、風景、レクリエーション施設のUD手法を考える。

1 公園の役割とBF、UD

　公園はさまざまな場所に立地している。自然が豊かな地にある公園と都市部にある公園ではBF整備の手法も大いに異なる。特に市街地に位置する公園は、一般に、無秩序な市街化を防止し、さまざまな市民の生活や心地よい就労空間を形成するための公共施設として不可欠な要素である。都市公園の重要な役割は、都市部におけるヒートアイランド現象の防止と緩和、交通公害・騒音の緩和、大規模地震や大規模火災時の一時避難場所、住宅地の延焼防止等等である。公園が市民生活に与える影響では、緑の確保による心理的安らぎ効果があり、都市環境形成としては、魅力あるまちや景観の創造と継続に寄与している。

　さらに、観光施設、自然遺産や文化遺産等、歴史的資源と一体となった公園施設や地域整備は、観光客増による地域の経済効果、まちのにぎわいを十分にもたらすことができる。そのためにも、公園は誰もが気軽に訪れることができる場でなければならない。公園に、BFやUD整備手法（図8・1）を導入することにより、老若男女、国籍を問わず誰もが気軽に安心して訪れることができる魅力的なものに変貌させることができる。

2 公園の種類

　公園は、法的には都市計画法や都市公園法（1956年、以降、公園法）により定義されているが、都市や住宅地形成、防災の観点等からもさまざまな考え方がある。公園法に定められた都市公園は、その機能、目的、利用対象等によって表8・1のように区分される。この他、公園法に規定されてはいないが、地域の中には、さまざまなオープンスペースや広場、ポケットーパーク（小広場）があり、都市公園と同様、不特定多数の市民が利用できる。これらも可能な限りBFからUDの考え方にもとづいて整備される必要がある。

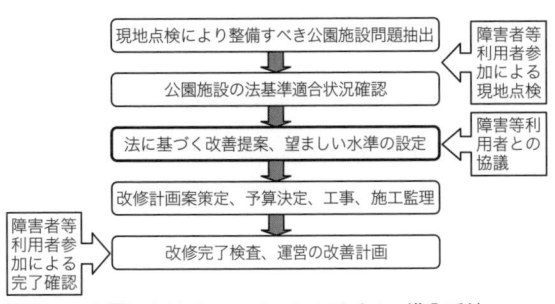

図8・1　公園におけるユニバーサルデザイン導入手法
（出典：国土交通省・㈳日本公園緑地協会「みんなのための公園づくり」2008、p.89を参考に大幅に修正し簡略化した）

3 公園のバリアフリー法制度

　日本の各種公園のBFが展開されるようになった

のは、全国各地で福祉のまちづくり条例が制定される以前の 1980 年代初頭に遡る。最初は公園内のトイレや水飲場、車いす使用者用駐車場、園路の整備であった。その後 90 年代に入り、出入口、案内板、サイン、各種付帯施設の整備が進んだ。

1999 年『みんなのための公園づくり』（社団法人日本公園緑地協会、国土交通省監修）が出版され、目標とする BF、UD のガイドラインが示された。本書で、公園整備としてははじめて UD の手法や米国の公園事例が紹介された。本書の内容が各地方公共団体で独自に進められていた公園整備のマニュアルに引用されるようになり、福祉のまちづくり条例整備基準の改定が進展する。

2006 年には、バリアフリー法（以降、法）にはじめて公園の整備が規定され、新規施設では BF 整備が義務化された。しかし、建築物と同様圧倒的多くの公園は BF 化が義務化されていない既存施設であり、今後の改修対策が重要である。

1 法で規定された公園整備

法では、公園管理者等は、特定公園施設の新設、増設または改築をおこなう時は、特定公園施設を、BF 化のために必要な特定公園施設の設置に関する主務省令で定める基準（都市公園移動等円滑化基準（以降、都市公園円滑化基準））に適合させなければならない、としている。既存公園の場合は、公園内の施設を改修する際には都市公園円滑化基準が適用されるが、既存公園の整備では義務規定ではなく努力義務規定である。（法第 13 条）

2 法による公園整備の規定

特定公園施設：BF 化が特に必要なものとして政令で定める公園施設である。法的な BF 化については都市公園の出入口と各種公園施設、その他主要な公園施設（屋根付広場等）との間の経路を構成する園路および広場の整備が重点的に求められる（図 8・2）。

表 8・1 公園の種類（出典：国土交通省資料）

種類	種別	目的と内容
住区基幹公園	街区公園	街区内の居住者の利用に供する。誘致距離は 250m の範囲内で 1 ヶ所、公園面積は 0.25ha／ヶ所を標準とする
	近隣公園	街区を複数合わせた近隣地区の居住者の利用に供する。誘致距離は 500m の範囲内で 1 ヶ所、面積は 2ha／ヶ所を標準とする
	地区公園	徒歩圏内居住者の利用に供する。誘致距離 1km の範囲内に 1 箇所、面積は 4ha／ヶ所を標準とする
都市基幹公園	総合公園	都市住民全体の休息、観賞、散歩、運動等総合的な利用に供する。面積は 10 ～ 50ha／ヶ所を標準とする
	運動公園	主として運動の用に供する公園である。都市規模に応じ面積は 15 ～ 75ha／ヶ所を標準とする
大規模公園	広域公園	市町村の区域を超える広域のレクリエーション公園である。地方生活圏等広域的なブロック単位ごとに設置し、面積は 50ha 以上／ヶ所を標準とする
	レクリエーション都市	総合的な都市計画に基づき、自然環境の良好な地域を主体に、各種のレクリエーション施設を配置する公園である。面積は 1000ha／ヶ所を標準とする
国営公園		都府県の区域を超える広域的な利用に供する。国が設置する。1 ヶ所当たり面積はおおむね 300ha 以上を標準とする。国家的な記念事業等として設置する場合もある
緩衝緑地等	特殊公園	風致公園、動植物公園、歴史公園、墓園等で、その目的により設置する
	緩衝緑地	大気汚染、騒音、振動、悪臭等の公害防止、緩和若しくは災害の防止を図ることを目的とする。公害、災害発生源地域と住居地域、商業地域等とを分離遮断する
	都市緑地	都市の自然的環境の保全並びに改善、都市の景観の向上を図る。面積は 0.1ha 以上／ヶ所を標準とする
	緑道	災害時における避難路の確保、都市生活の安全性及び快適性の確保等を図る。植樹帯及び歩行者路又は自転車路を主体とする緑地で幅員 10 ～ 20 m を標準とし、公園、学校、商業施設、駅前広場等を結ぶ
都市林		市街地及びその周辺部において有する樹林地等において、自然的環境の保護、保全、自然的環境の復元を図れるように配慮し、必要に応じて自然観察、散策等の利用のための施設である
広場公園		市街地の中心部や商業・業務系の地域で施設の利用者の休憩のための休養施設、都市景観の向上に資する修景施設等を設けたもの

【園路と施設との接続の概念図】移動等円滑化園路の構造

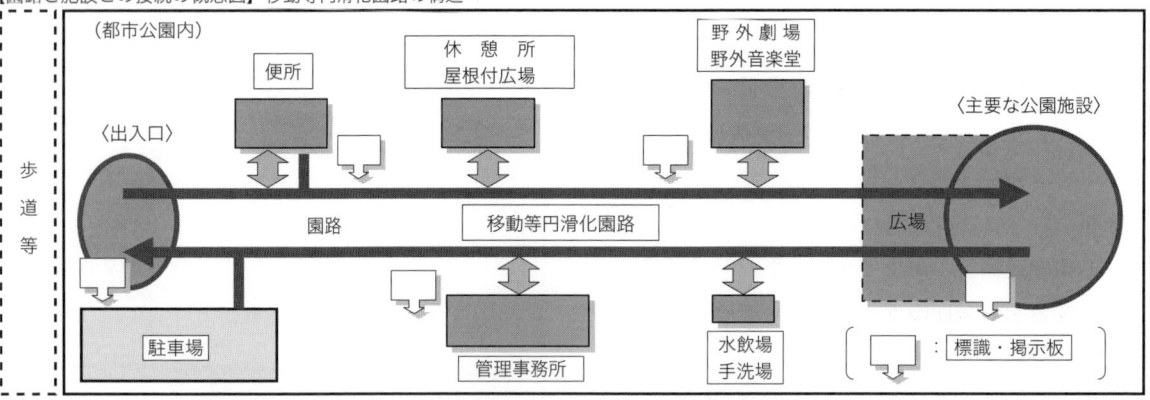

図8・2　バリアフリー化すべき公園の経路（出典：前掲書「みんなのための公園づくり」）

図8・3　ベンチ。多様な高さがあり、利用者も広範になる（ケアンズ・オーストラリア）

図8・4　子どもも大人も親しみやすい公園内のサイン（北海道旭山動物園）

各種公園施設とは以下のような施設が含まれる。（）内は配慮ポイントである。

- 屋根付広場（通路、休憩スペースへの配慮）
- 休憩所（テーブル、ベンチ、周辺スペース等への配慮）
- 野外劇場（通路、観覧席、ステージへのアクセス配慮）
- 野外音楽堂（通路、観覧席、ステージへのアクセス配慮）
- 駐車場（車いす使用者や子ども連れの人への配慮）
- 便所（車いす使用者用設備、幼児施設への配慮）
- 水飲場（車いす使用者、幼児等への配慮）
- 手洗場（車いす使用者、幼児等への配慮）
- 管理事務所（わかりや施設案内、説明マップ、聴覚障害者への配慮、休息スペース）
- 掲示版、標識（わかりやすいサイン、文字表記）（図8・3、8・4）

この他、国土交通省令で定める、修景施設、休養施設、遊戯施設、運動施設、教養施設、便益施設その他の公園施設のうち、BF化が特に重要と認められるものも含まれる。

移動等円滑化園路の整備：都市公園円滑化基準が対象とする部分は、出入口、通路、階段、階段への傾斜路（または昇降機）、傾斜路、転落防止設備等で、1ルートは確実に確保しなければならない。園路のBF化は公園の整備で最も重要な部分である。一般的には公園内の通路は目的地へのルートが複数あり、

図8・5 動物公園内の主要円滑化経路（北海道旭山動物園）

図8・6 園路の先はバリアフリールートではないことを意味する（メルボルン・オーストラリア）

図8・7 可能な限り自然林を伐採しない空中園路（世界遺産ブルーマウンテン・オーストラリア）

図8・8 乳幼児も安心して遊べる水場（ケアンズ・オーストラリア）

図8・9 子どもも楽しめる公園内のモニュメント・サイン（ケアンズ・オーストラリア）

そのいずれのルートもBF化しておく必要がある。

図8・5はある公園の主要経路である。緩やかなアップダウンを傾斜路でつないでいる。図8・6は園路の先が円滑な経路でないことを利用者にわかりやすくするねらいがある。こうした配慮は法による義務ではないが利用者への情報提供として大切なことである。

4 BF化された市街地の公園事例

公園のBF化について望まれているのは、いかに余暇時間を楽しむことができるか、日ごろの疲れを家族や友人とととともに、あるいは単独でリフレッシュすることができるかということである（図8・7）。こ こではその可能性が見い出されるオーストラリア・ケアンズ市の公園事例を取り上げる。

オーストラリア・ケアンズ市の公園はよく配慮されている。図8・8は中心部の公園（緑地帯）の中に

8章　公園・観光施設

85

図8・10 車いすでの利用も可能なブランコ（ケアンズ・オーストラリア）

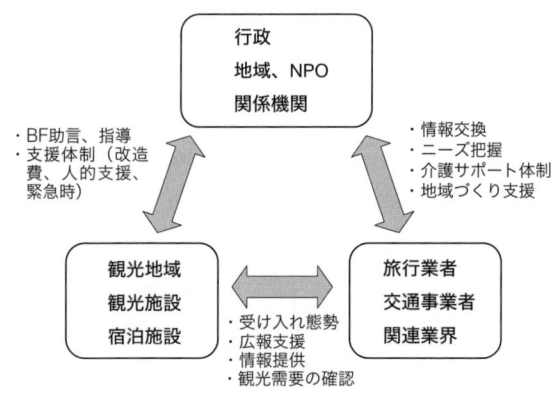

図8・11 ユニバーサルツーリズムの仕組み

設けられた子どもの水遊び場である。0歳児の乳児もおぼれることなく適度な水場が形成され、他の年齢の子どもと一緒に遊ぶことができる。床面のカラー舗装もわかりやすく遊びやすい。

図8・9は図8・8の遊び場周辺で子どもゾーンを形成しているモニュメント・サインである。心地よい児童の動きが連続的にデザインとして表現されている。

図8・10は車いすを使用したまま利用できるブランコである。図8・8、8・9の施設内に設けられている。スペースが必要なため独立して設けられているが、色調は子どもの遊び場と統一している。

5 観光施設とBF、UD

1 観光のBF、UDの考え方

観光は、年齢、性別、国籍、あるいは障害の有無にかかわらず、誰もが楽しむことができるものでなければならない。つまり観光は、UDの考え方を最も実践できる手段の1つでもある。法が制定された翌年2007年に観光立国推進基本法が成立し、高齢者、障害者、外国人等の旅行者の利便増進がうたわれ、以降急速に各地で高齢者、障害者等の観光が推進され始めた。特に地方都市では、地域活性化の起爆剤として観光市場の再研究が始まる。国内のみならず世界各地で活発化している世界遺産への登録活動も、BF化やUD化に大きな役割を果たしている。

海外におけるBFやUDの都市整備の歴史を振り返ると、先行した欧米都市の大半が観光地である。1980年代以後、代表的な観光地には多くの人びとが世界中から訪れるようになり、必然的に都市のBF化が進んだ。都市、観光地におけるBF、UDの始動である。

長期休暇と余暇時間を十分に確保する欧米諸国で、観光施設のBF化、UD化が進んだのはきわめて自然であるが、わが国でも近年国民の多くが余暇活動の必要性を体感し始めている。観光地でのBF化が進み、高齢者や障害者等の旅行が増加し、地域の活性化、生活の豊かさ、市民の交流、経済活動が活発化することが観光のBF、UDの重要なねらいでもある。

2 ユニバーサルツーリズムとは

近年における法制度の整備や観光施設のBF整備は、観光旅行を諦めていた高齢者や障害者に多くの朗報をもたらしている。ユニバーサルツーリズムとは、高齢者や障害者、外国人等をはじめ、誰もが安心して旅行できるシステムの推進を意味する。旅行を受け入れる観光地、行政、NPO団体、宿泊施設、交通事業者のネットワークと旅行を企画発信する旅行社、NPO市民グループが連携して適切な情報提供

表8・2　観光地のBF、UD化で対象となるもの

施設	対象箇所・設備	利用者への配慮点（チェック項目）
適切なエリア情報	移動手段、移動中の休憩施設、宿泊施設のアクセス環境、食事の配慮、介助の提供観光地のBF状況、公衆トイレの場所、医療機関　など	高齢者、障害者、車いす使用・介助の有無、特別食の必要性、入浴時の介助の必要性、移動機器の必要性、緊急時の情報提供のあり方
目的地までの交通手段	公共交通機関、バス、タクシー、航空機、船舶、自家用車、車いす使用専用車	利用する交通手段、乗り換えの場所、乗り換えしやすさ、途中駅での介助の必要性、トイレ休憩の場所、同行者を含む車の台数
観光エリアの受け入れ	総合観光案内所、医療機関（病院、診療所）、観光地内の移動手段、駐車場、公衆トイレ、地域の支援体制	案内の見やすさ、聞きやすさ、従業員の対応方法、移動手段のBF状況、駐車場と観光地の距離、補助補聴器（放送案内）
観光施設	アクセス、観覧方法、見学施設、乗り物、観光ルート、お土産屋さんへのアクセス	車いす使用者のアクセスルート、視覚障害者の誘導方法、聴覚障害者への情報提供、サイン・説明の多言語表記の採用の有無、目的地までの交通手段の乗り入れ
宿泊施設	駐車場、ロビー、案内カウンター、通路、レストラン、共同浴場、客室通路、接遇	駐車場の位置、車いすの貸し出し（BF客室の単価、貸出設備）、緊急時の避難・誘導体制と避難ルート、共同浴場と家族用浴場の有無、情報表示

と必要な整備をおこなう必要がある（図8・11）。

　旅行は個人の意思や単独の機関だけでは成立しない。障害者旅行に卓越している旅行社であっても多くの業態や関係機関との円滑な連携なくしては運営ができない。

　ユニバーサルツーリズムを推進するためには、旅行を実行した本人、家族、同伴者からの情報提供が重要である。魅力ある観光地でのBFツアーがどのように実施されたのか、関係した業者の運営はどうであったのか、介助体制、費用負担、施設や交通機関、地域や宿泊施設の受け入れ体制等、幅広い旅行情報の交流が重要である。

　こうした取組みの先陣を切ったのは岐阜県高山市である。高山市はいち早くバリアフリー条例を施行し、観光施設や宿泊施設の改善に取り組み、数度のBFモニターツアーでホテルや観光施設、観光情報の発信等を検証する作業を繰り返した。

　ユニバーサルツーリズムでは、全国各地のNPOも活発に活動している。中でも障害者の旅行相談や宿泊施設の点検から改善指導、乗り捨て車いすの手配、全国のNPOのネットワーク事業を展開する伊勢志摩バリアフリーツアセンターの活動は有名である。

3　観光地のBF対象

　観光地においてBF化、UD化をめざすべき対象箇

図8・12　箱根ロープウェイ　プラットフォームとの段差がない。

所、設備および配慮内容（対象）をあげると、表8・2のとおりである。一つひとつの配慮は細かいが、基本的には法の各種ガイドラインが参考になる。

6　観光地のBF、UD事例

1　日本の場合

　日本における観光地のBF、UDで特に問題となるのは、狭隘な自然立地における観光地でのアクセスと寺社仏閣の構造である。先進的な取り組みを推進している箱根、長崎の取組みを紹介する。いずれも地形のアップダウンが激しい地域である。

　図8・12は神奈川県箱根ロープウェイのBF化である。最寄駅からケーブルカー車両までのアクセス、ノンステップのロープウェイかごの導入、およびロープウェイ駅のBF化が実現し、車いす使用者が

安心して利用できるようになっている。図8・13、8・14は長崎の観光地グラバー邸での対応である。狭い敷地ではあるがエスカレーターや斜行エレベーターを積極的に採用している。斜行エレベーターは観光客ばかりでなく斜面地で生活する住民との共用でもある。

図8・13　長崎の斜行エレベーター

図8・14　長崎グラバー邸のエスカレーターとスロープ

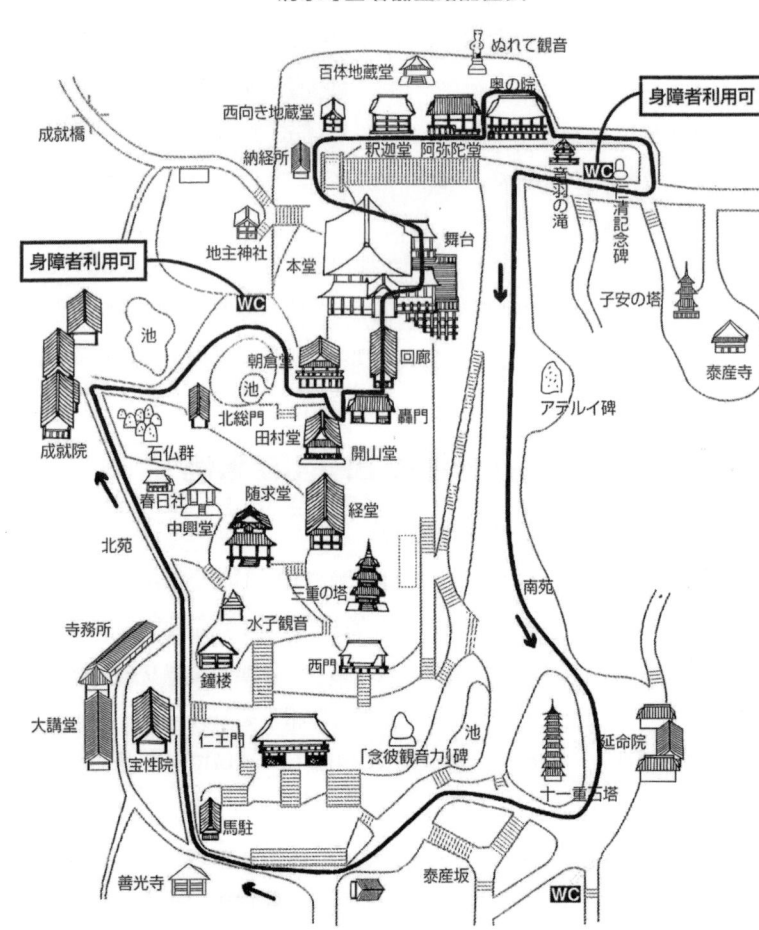

図8・15　清水寺境内の標準的アクセスルート（出典：清水寺HP）

図8・16　アクセスルート入口（提供：肖子睿）

図8・17　境内のスロープ板（提供：肖子睿）

図8・18　改修されたトイレ　身障者用トイレも設けられている（提供：肖子睿）

2 清水寺（京都市）

　京都における世界遺産の1つ清水寺では近年、1ルートではあるが、車いすによる移動がすべて可能となるBF改修が実現した。もちろん他の観光客とも同じ動線内である。途中の小さな段差や段数の多い階段でこれまで車いす使用者等がアクセスできなかった箇所も、スロープにより回遊できるようにした。園内のトイレも車いす使用者用に改修する等積極的にBF化に取り組んでいる（図8・15〜8・18）。

3 故宮（北京）

　図8・19は北京市の代表的世界遺産故宮（旧紫禁城）のアクセスルートである。1ルートではあるが、文化遺産の現状に配慮しながら高低差が多い施設内のアクセスルートの改修がおこなわれた。図8・19の太線は完成した車いす使用者用ルートである。園内では車いすの貸し出しもおこなわれている。図8・20は路面が改善された園内ルート。図8・21は段差の解消のためのスロープ板の設置。図8・22はリフトを階段に設置し、リフトの外側に壁面と同色の壁を設け、遠方からは違和感のない壁面に仕上げた

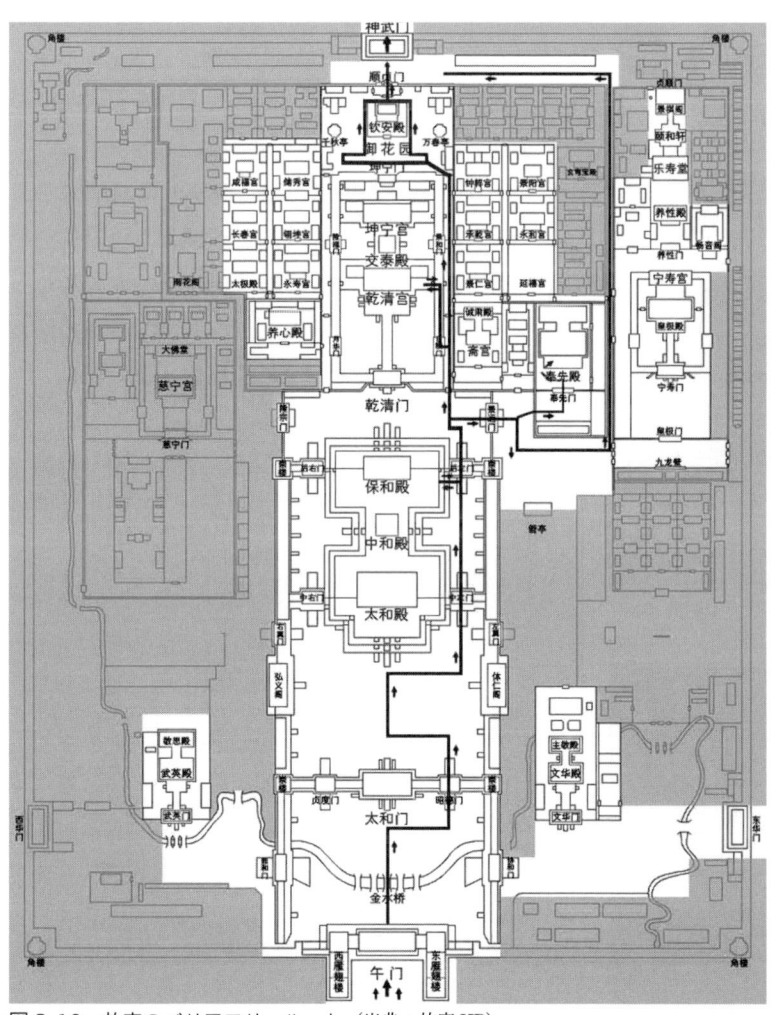

図8・19　故宮のバリアフリールート（出典：故宮HP）

図8・20　改修された路面（提供：肖子睿）

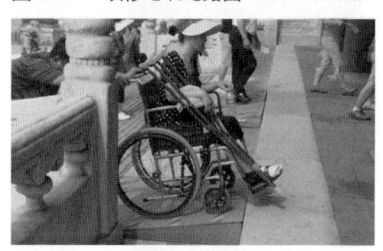

図8・21　大和殿のスロープ

図8・22　リフトが隠された壁

図8・23　車いす使用者の通行のために改修された通路部分

好事例である。図8·23は景観上どうしても傾斜路やリフトが設けにくい階段での階段昇降機利用の例である。

図8·24　小公園における防災設備の配置図

図8·25　防災竈（かまど）　　図8·26　防災用のトイレ

図8·27　仮設住宅が建設された公園（岩手県・東日本大震災）

7 災害と公園

近年公園における防災設備の整備が拡充している。大規模災害時には必ず重要な一次避難場所となるからである。当然ではあるが、老若男女が集まり一時的には障害者の避難も想定される。防災拠点としての公園で重視されている設備がトイレと竈である。公衆トイレが設けられていない小規模公園（東京都北区の事例　図8·24～8·26）ではトイレも簡易型になり、便器は簡易手すり付きポータブルトイレと囲いテントが必要となる。

図8·27は東日本大震災後にまちの中の小公園に建設された高齢者、障害者向け仮設住宅の事例である。まちの中の仮設住宅は、避難が長期化する中にあって、高齢者や障害者にとって買物や日常生活の利便性が高い。

以上から、公園は災害時にも十分に対応できるBF施設であるべきで、災害時に備えた仮設住宅配置やコミュニティ施設の建設想定をあらかじめしっかりと計画しておきたい。こうした緊急時への備えも地域におけるBF化を考える重要課題である。

参考文献
1) (社)日本公園緑地協会『みんなのための公園づくり—ユニバーサルデザイン手法による設計指針—』1999
2) 国土交通省・(社)日本公園緑地協会『ユニバーサルデザインによるみんなのための公園づくり』2008
3) 国土交通省総合政策局『観光のユニバーサルデザイン化手引集』2008

9章
一体的・連続的なまちづくり
―全国の取組み―

POINT バリアフリー（以降、BF）は連続的・面的・シームレスでなければならない。また、BFはまちでの活発な活動と結びついてこそ目的が達成される。福祉のまちづくりは対象者として「弱者」を重視するまちづくりであるとともに、「すべての人」が安全・快適・便利に暮らせるまちをつくることでもある。これは縦割り分野を超えて「連携的」に実現されるべきだが、旧来の縦割り社会の仕組みの中ではなかなか達成されにくいものでもある。この章では困難・障壁を乗り越えて、面的、連携的、市民参加的まちづくりをおこなっている事例を見てみたい。

1 一体的・連続的・ユニバーサルなまちづくりの必要性

個別施設のBFではなく、一体的・総合的なBF・福祉のまちづくりの要件をまとめると以下のようになる。

①部分的なBFではなく、「面的」であること
②異なる交通手段、異なる施設の間を「シームレス」に移動できること
③さまざまな「まちづくり施策と連携・連動」したものであること
④施設・ものの物的なBFだけでなく「人的（心のBF）・仕組み的（仕組みのBF）」も取り組まれていること
⑤BFの基本的なレベルを確保した上で「地域の性格、風土の特徴」を反映したより高いレベルを志向すること
⑥改善システム的・制度的・財政的な「継続性（サスティナビリティ）」があること

これらを実現するためには、

⑦「大きな当事者参加、市民参加」がなされること
⑧公共・民間をつなぎNPO・当事者団体・市民団体が「連携」するとともに、公共においても「縦割りを排した横断的取組み」であること
⑨PDCAサイクル（1章1節3項参照）のように「目的に向かって永続的に改善するシステム」が作動すること

が必要とされる。

⑧の連携性・横断性については、官民協働とともに、行政では、まちづくり、道路、建築、公園、医療・保健・福祉、商工、観光、教育、財政、人事等あらゆる行政部局が連携しなければこのような取組みはできない。民間においても、本社（中枢管理）と現場（支店）の乖離が問題となることがある。⑨のPDCAは特に重要である。ユニバーサルデザイン（以降、UD）まちづくりではBF化することは一里塚であって、あくまでも目的は、障害者・高齢者が活発に社会参加して自立生活を達成することと、すべての人が能力を開花させて社会参加することである。この目的が達成できているかを評価しないと一里塚（目標）だけで終わってしまうからである。これらのアウトカム指標（具体的成果を含むすべての結果を意味する。投入した努力の量ではなく、「言い訳」のない結果のことであり、目的・目標を具体化したものに近い）を本格的に設定してサイクル化している例はまだほとんどなく、今後の課題でもある。

一体的・連続的まちづくりの概念自体は以前から存在していた。行政では個別BFを統合した各地の福祉のまちづくり条例である。それらはまだ、個別のBF規定を集合させた規定集に近いものであり、面的・連続的整備を規定するものとは言えなかったが、1995年の兵庫県等の福祉のまちづくり条例では面的整備促進を打ち出しており、2000年の交通バリ

アフリー法はさらに発展して、移動等円滑化基本構想というまさに面的・一体的整備を特徴とする法整備となった。このように制度的には整備されてきたが、実際に本格的な BF・UD の面的・一体的整備が出てきたのは 2000 年以降と言ってよいだろう。先駆例としては、阪神・淡路大震災後 1990 年代後半の神戸中突堤船客ターミナル整備、阪急伊丹駅およびその周辺整備の UD・当事者参加による計画・設計があげられ、その後移動等円滑化基本構想下で意欲的な事例が生まれた。特に最近都市部での再開発や駅舎改善で見るべき事例が多い。

図 9・1 は大型の施設整備・面的整備の最新例、東京国際空港ターミナルである。図 9・2 は一体的・連続的なまちづくりをおこなっている高槻市の例である。

このような視点で 2000 年以降の一体的・連続的なまちづくりの優れた事例を分類してみると以下のようになる。

① 鉄道駅・道路・バス・建築物・公園等を面的にシームレスに UD 思想で整備した。多くは移動等円滑化基本構想にもとづいている。JR 川崎駅と周辺地区、静岡鉄道静岡駅と周辺地区、藤沢市湘南台駅（相鉄・横浜市営地下鉄と周辺地区）、豊中市・吹田市桃山台駅（北大阪急行）と周辺地区、大阪市 JR 大阪駅、神戸市阪神三宮駅、名古屋市 JR・名鉄金山駅、等最新の取組み例である。市町村レベルでは全市の UD 化をめざすさいたま市、京都市、宮崎市、豊中市等多数の意欲的取組みが出ている

② 巨大施設である空港を最新のハイレベルな UD で整備した（中部国際空港（セントレア）、羽田国際空港、札幌新千歳空港等）

③ 観光を重視した面的施設整備と人的対応を全市で展開した（京都市、奈良市、倉敷市、高山市、金沢市、高野町等）

④ 特定の大型施設を一体的・連続的に UD で整備した（Mazda Zoom-Zoom スタジアム（広島）、楽天 Kobo スタジアム（仙台）、オキナワ・マリオット・リゾート＆スパ（名護市）等）

⑤ 福祉施設・病院等をその単一機能施設としてだけでなく、市民参加による複合施設として整備（名古屋南生協病院等）

このように近年の一体的・連続的整備事例はめざましいものがある。読者はネット等で事例を調べ、是非現地を見てくるとよい。その際、現場で視覚的に UD が理解しにくいことも多いので、施設管理者・市役所等にヒアリングして「隠れた UD」を学ぶとよい。

以下にその事例をいくつか見ていきたい。

図 9・1　東京国際空港ターミナル（羽田）　多数の障害者が参加して BF・UD 化した大規模施設。

図 9・2　バラバラの歩道を BF でていねいにネットワーク化（高槻市）　移動等円滑化基本構想の中で交通銅線をシームレス化する計画をたて、PDCA サイクルでそれを実現。

2 一体的・連続的整備の事例

❶ 「住みよい町は行きよい町」の合言葉で福祉観光都市づくり ―岐阜県高山市―

> 全市的BF化がスタートしたのは2006年頃である。福祉のまちづくりの全国的「草分け」であり、その後の各市の福祉のまちづくりに影響を与えた。市民の生活、観光者の利便性等バランスよく取り組み、市の「誰にもやさしいまちづくり」条例を制定した。

　高山市は以前から誰もが住みやすいまちをめざしてBFの取組みを進めてきた。2003年にはそれを発展させ基本構想を策定した。高山市が掲げた目標は、①誰もが住みやすく、住みたくなるような落ち着いた定住環境をつくる、②にぎわいのある交流環境を整備し、市民一人ひとりが誇りと生きがいをもてるまちづくりをおこなう、であり、ハード・ソフト両面による「ユニバーサルデザインのまち」をめざした。年間300万人近い観光客が訪れる観光都市（図9・3）が、福祉と観光を結合させ、同時に「ホスピタリティー産業」の育成も図ることが、同市の福祉のまちづくりの理念である。その達成のためには、当事者である市民・障害者・高齢者に加えて、来街者（観光客等）も含めて参加型まちづくりを展開する必要があるとした。そのため数度にわたる「モニター旅行」を実施している。これは障害者や外国人に高山へ来訪してもらい、その現場から聴取した意見をまちのBF化に活かすというものである。2005年に「高山市誰にもやさしいまちづくり条例」を制定し、国のバリアフリー法の基準より厳しい規制を制定するとともに、BFに取り組む事業者を認定する等している。

　また、高山市はBF化・UD化のために庁内の縦割りを排した連携を特に重視している。

　高山市においてこれまで実施してきたUD施策は、担当部局名付きで以下のようにHP（http://www.hida.jp/barrierfree/）でも公開されている（筆者編集）。

- 道路の段差はすべて2cm以下に抑え、交差点をBFの観点で改良（担当：維持課）。車道と歩道との段差の解消や交差点の改良（図9・4）
- 暗渠蓋の整備（担当：維持課）。金属製暗渠蓋を格子の細かい製品に順次交換
- 多機能トイレを市街地および公的施設に配置（担当：福祉課）。ホテル、旅館等の民間施設でも多数配置
- 車いすの貸し出し（担当：高山市社会福祉協議会）。観光客のためにも車いすをレンタル
- 電動カー・ベビーカーの貸し出し（担当：まちひとぷら座・かんかこかん）。市民はもちろん、観光客もレンタル
- 「飛騨の里」で車いす見学コース設置（担当：飛騨民俗村）。電動車いすも借りられる

図9・3　高山市伝統的建築物地区風景　観光客でにぎわう高山市は障害者の訪れやすいまちづくりにさらに努力を続ける。

図9・4　高山市のフラット歩道　基本をフラットまたはセミフラット構造に整備。（提供：新田保次）

- 「まちなみバス」・「のらマイカー」の運行（担当：地域政策課）。市民や観光客等、誰でも利用できるコミュニティバスを運行。「まちなみバス」は低床で、中心市街地の観光施設、公共施設を高頻度で巡回している。「のらマイカー」は、各地域内をきめ細かく運行している。全路線一乗車100円
- 福祉タクシー（担当：身体障害者福祉協会）。車いすに乗ったまま利用できる大型タクシーを運行。料金は一般大型タクシーなみの低料金
- 「おもてなし365日」発行（担当：観光課）。お客様の声や専門家の意見をまとめたサービスマニュアル
- 市営駐車料金の免除（担当：維持課）。障害者が運転または同乗する車両を駐車する時は、手帳の提示により駐車料金を免除
- 民間事業者へのBF化整備支援。民間施設のBF化やタクシーのサポートシート導入等を補助
- 情報バリアを解消。音声、文字、手話による「観光情報端末」を設置。車いす使用者も使えるように低い位置に設置。観光パンフレットは7言語、案内看板は4言語
- その他、融雪効果のある点字ブロック開発に取り組んだり、文化財とBFの両立研究等をおこなっている

高山市の特徴はBF・UDを市の特徴である観光と融合させていることであり、また、それを担当部課まかせにするのではなく、全部局が共有し連携していることである。上述の個別施策はばらばらに実施するのではなく、連携・融合させてこそ効果が発揮される。BF・UDまちづくりの「草分け」となった市であり、多くの実績をあげている。

以上に示した「観光都市の継続的かつ総合的なBF化」に対して、高山市が第2回国土交通省バリアフリー化推進功労者大臣表彰を受けた。

❷ UDによる都市再開発 ―愛知県刈谷市―

> 刈谷市は移動等円滑化基本構想に取り組み、バランスのよい総合的BF化計画をたてた。その目玉となるのが刈谷駅南地区の再開発である。本格的なUDによる駅前再開発として近年の模範的事例と言える。BFな歩行空間ネットワークとレベルの高いUDのホール等がある。多数の市民参加・当事者参加でおこなった。刈谷市総合文化センターアイリスは計画段階で当事者の意見を取り入れた。

自動車関連企業が集積する刈谷市において、刈谷駅（JR東海と名古屋鉄道の駅が並置）南地区の5.7haで、独立行政法人都市再生機構による再開発プロジェクトが実施された。駅前ならではの利便性を活かし、文化の拠点、都市型住宅、大型ショッピング施設、大型駐車場等の複合的な都市型機能をもった刈谷の新しい駅前タウンが2009（平成21）年10月に誕生した（図9・5）。

周辺は2005（平成17）年に策定された交通バリアフリー基本構想による重点整備地区に位置づけられており、再開発事業においても地区全体の整合性を保つように円滑な垂直・水平移動ができる施設整備をおこなうことが約束されていた。

都市再開発の実務は都市再生機構と建築設計事務所が担当し、建物だけでなく交通も含めたまち全体をUDにする取組みとして特徴がある。駅前広場や歩道空間にもいろいろなUDの仕掛けが盛り込まれている。

施設建築物としては大小のホールと生涯学習施設からなる公益施設棟と公益駐車場棟（刈谷市総合文化センターアイリス、図9・6）、および民間事業者が整備する商業施設棟と住宅棟から構成されている。再開発地区全体に対して「みなくる刈谷」という愛称がつけられた。

刈谷市総合文化センターにおいては、建設段階から市民、障害当事者団体等多数の方の意見を聞き、その意見を「UD検討会」での検討を通して建物設

計に反映し、実現したところに特徴がある。
- 大ホール客席に車いす席が設置
- 客席から舞台に段差なく上がることができる
- すべての客席で磁気ループ・FM電波による観賞補助が利用できる
- 多目的トイレ以外に客用一般トイレ内にも多目的ブースを設置
- エレベーターのボタンの位置を工夫（フットスイッチの採用）
- 大きさや色を館内すべてにおいて統一
- エレベーターホール付近には位置を案内する共通の音サインを常時流す　等

これらは、いずれも当事者の意見をもとに、独自に工夫をしており、館全体として総合的に取り組まれている。

また、既設の刈谷駅南北連絡通路を延長させる形でペデストリアンデッキ（歩行者用通路）が設置され、2階レベルでそのまま商業施設や公共施設に接続している（図9・5）。さらに、デッキには雨除けが施されている。商業施設正面の空間は「みなくる広場」と称する多目的広場となっている。駅南口の駅前広場でのバス・タクシー・自家用車の動線と歩行者の動線は分離ができている。

再開発地区の南側には、保健センター、子育て支援センター、健康づくりを促すげんきプラザが入った刈谷市総合健康センターもある。

駅と周辺道路の改修にとどまるのではなく、施設整備と一体性のあるUDによるまちづくりが実現されている。

ここの取組みの優れている点は、何といっても計画段階から当事者参加したことであり、それゆえに当事者ならではの多数の要望にもとづき、計画・設計をおこなったことである。阪急伊丹駅でもとられたこの方式は少しづつ継続されてはいるものの、まだまだ数は少なく、刈谷市の例は貴重である。計画段階からの当事者参加・参画は条例化すべきであるという声もある。

以上の取組みにより、2010（平成22）年度バリアフリー・ユニバーサルデザイン推進功労者表彰内閣府特命担当大臣表彰奨励賞と、平成21年度愛知県人にやさしい街づくり特別賞を受賞した。

図9・5　刈谷駅周辺歩行者BFネットワーク

図9・6　UD設計の刈谷市総合文化センターアイリス
UD施設が目白押しで見所がいっぱい。ぜひ見学したい。

3 中部国際空港旅客ターミナルビル
—愛知県常滑市—

> 空港は大型施設のUD化を常にリードし先駆事例をつくり出してきた。中部国際空港はBFに取り組んだ関西国際空港のノウハウを継承し、新たに計画段階から当事者提案型の計画・設計・施工をおこなうことを取り入れた点で時代を画するわが国UD史上の金字塔となった。
> 新千歳空港（札幌）、東京国際空港（羽田国際空港）は中部国際空港の思想を引き継ぎ、その後の新しい課題をブラッシュアップしている。

中部国際空港は、愛知県常滑市沖を埋め立てて用地造成し、そこに3500m滑走路（当面は1本）と旅客ターミナルビルが建設され、2005年2月に開港した。愛称はセントレア（Centrair）である。誰にでもわかりやすく、コンパクトで機能的な空港を整備の基本方針に掲げ、「誰もが使いやすいターミナルビル」をめざし、計画（基本設計）段階からUDによる検討がなされた。

空港建設を担当する中部国際空港株式会社は、障害者や学識経験者等（著者磯部は主要メンバー）をメンバーとした「UD研究会」を設置し、そこでは、学識経験者等により設計方針のまとめを議論する「研究会」と、そのもとで当事者による検討をおこなう「部会」で活動がなされた。特に部会では幅広い参加者と設計担当者との質疑応答や、当事者間の要望の調整を実施した。

研究会の開催期間は、おおむね表9・1の4つに分けられる。

検討の実施体制において、以下の特徴が見られる。

①社会福祉法人への業務委託

研究会の設置・運営および整備方針・内容、配慮事項等の意見のとりまとめ業務を名古屋市内にある社会福祉法人「AJU自立の家」に、空港会社が業務委託。研究会や部会において、さまざまな障害者の意見を集約できたことは、この組織の存在が大きい。

②自主的検討会

第一期と第二期の間、研究会、部会のメンバー以外の関係者も含めて検討作業を継続した。メーカー等の専門家の参加を得て自主的な検討会を開催した。なお、第三期以降では、分科会としてテーマごとにその検討組織が継続された。

③検証作業の実施

机上の議論だけでは判断できない場合には、検証に参加してもらうモニターと、研究会や部会のメンバー、空港会社職員、設計担当者らがメーカーの工場まで出向き、検証をおこなった（図9・7）。

表9・1　中部国際空港ユニバーサルデザイン研究会の活動内容

期	期間	テーマ	部会での検討事項	特記事項
第一期	2000年6月から8月	基本設計への意見反映と協力	「交通動線（移動）」「ユーティリティ・商業空間」「情報提供・サイン」「ソフト対応その他」	基本設計のための研究会は約2ヶ月間で終了。その後、会社側による基本設計の仕上げに入る。その間、有志の集まりの「空港をよくする会」を立ち上げ、障害当事者、設計関係者、設備関係者など多彩な人びとが関与
第二期	2001年8月から2001年12月	実施設計への意見反映と協力	「トイレの配置と設計」「移動経路（動線）」「情報提供・サイン計画」「商業空間（コンセッション）・さまざまなサービスの提供（ユーティリティ）」「空港への移動、交通機関（アクセス）」「空港内ホテル」	3回の研究会と7回の部会が開催。最後に「研究会設置のメリット」、「改善（反省）点」、「研究会およびその成果について、対外的にアピールできる事項」をまとめた。結果として、相互理解が高まり、設計段階から施工段階に移行しても研究会は継続されることとなった
第三期	2002年1月から2003年3月	施工およびその準備への意見反映と協力	分科会として、「動線・昇降機」「情報提供・サイン」「トイレ」「ユーティリティ」	「空港をよくする会」として活動してきた内容を「分科会」として位置づけた。空港会社から受注した施工会社、設備会社も交えて検討
第四期	2003年4月から2005年2月（開港）まで	施工から竣工までのさまざまな確認作業への意見反映と協力	分科会として、「動線・昇降機」「情報提供・サイン」「トイレ」「ユーティリティ」に加え「視覚障害者対応設備」「聴覚障害者対応設備」「空港アクセス」「コンセッション・ホテル」「ソフト対応」	検証作業や施工確認作業も含めた会議の回数は、70回を数えた。施工確認の内容を記録し、修正できるものは直ちに設計・施工側で対応している。空港関連施設として、ホテル、鉄道駅、船着き場についても検討した。また、利用者の特性別の検討も実施した

施工確認により、開港前に修正が間に合ったものもあるし、開港後に変更されたものもある（図9・8）。

UD研究会の効果としては以下のものがあげられる。

①計画段階からの情報開示
②障害者の施設・設備の利用特性が設計に反映
③障害者自身による会合の運営
④建設業者・設備メーカーの技術力向上
⑤他のプロジェクトに対する模範事例

図9・7　開港前の検証

図9・8　中部国際空港（セントレア）のBFデザイン
照明で方向をわかりやすくする（上）、動く歩道を充実させる（下）等、多くの工夫が施された。最寄駅からターミナルビルへの動線は傾き1/15の斜路、チェックインから搭乗までの経路が300mを超える場合にも、動く歩道が設置されている。その他、航空会社の配慮により車いす使用者対応のチェックインカウンターが一番目立つところに設置され、高齢者、子ども、妊婦等へのサービス窓口に発展している。（提供：竹島恵子）

4　高野町内とBFケーブル
―和歌山県高野町―

> 世界遺産の高野町は2006年にBF基本構想を作成した。まちづくり全体のBF化、観光BF化を進め、南海電鉄はケーブルカーを設計改善してBF化した。また、地域部外者（来訪者）のまちなか歩き実体験までおこなった。他市に見られない先進事例と言える。

高野町は4600人（2005年）の小規模な山上のまちである。市内に真言宗高野山があり、年間130万人の参詣者、観光客でにぎわっている。地形的に山間地という困難があり、高齢化が進む中で住民のBF化が急がれていた。また、同時に参詣客・観光客の観点からもBF対策が必要であった。一般的なBFに合わせて、地形の起伏のため多くの休憩施設や屋外BFトイレが必要であった。また、高野山へのアクセスの公共交通として南海電鉄のケーブルを使うことになるが、それまで車いすを使用しての乗降ができない状態であった。

BF基本構想を作成の際に地域内住民だけでなく、地域外からの利用者の意見を募った。域外者（観光客・通勤客等）からの意見聴取をおこなった基本構想は全国的に見て意外に少なく、大都市のターミナル等の利用者は大半が地域に流出入する部外者であるにもかかわらず、ほとんどの場合、車いす使用者・視覚障害者を含む来訪者の意見聴取や現地点検をおこなっていない。ここでは、地域外利用者のアンケート調査だけでなく、地域外利用者による「まちなか歩き調査」までおこなったことは、UD志向の良例となろう。UDの一体的・連続的整備における全国的な課題であり、高野町方式を普及させたい（図9・9、9・10）。

一般的・基本的BFに加えてさらに以下の点に力を入れている。

①ケーブルカー特有の困難性に対応した階段状の乗降場のBF化
②景観に配慮した新たなエレベーター塔

図9・9 高野山極楽橋ケーブルカーのBF化

図9・10 高野山のフラット歩道と民間に普及しているベンチ

③BFトイレの設置
④ハイブリッドノンステップバスの配備
⑤案内標識、休憩施設、ベンチ等の配備

　高野山の玄関口「高野山駅」とふもとの「極楽橋駅」はケーブルカー駅のためホームが階段状となっている。この構造が車いす使用者や高齢者等のケーブルカー利用に大きな負担であったため、南海電鉄はエレベーター設置等によりBF化をおこなった。

①高野山駅のBF化

　高野山駅ではエレベーターを設置し、連絡通路を設けてBF経路を確保した。その他、軽度の歩行困難をもつ高齢者・障害者のために、エレベーターだけでなく複数の経路確保もおこなった。その際、高野山のイメージにふさわしい景観となるように木材を使い、崖地での施工方法も検討した上で、BFとデザインを融合させた。

②極楽橋駅のBF化

　極楽橋での最大の課題は、車いす使用者がケーブルカーを利用できるようにすることであった。ケーブルカーのケーブルは伸縮するため停車位置が固定されない問題があったが、位置調整ができる階段昇降機を導入してフレキシブルなアクセス位置を可能にした。なお、車いすアクセスのための車両改造検討も繰り返しおこなった。高齢者等にはスロープを新設して便宜を図った。

　このように高野山駅、極楽橋駅、ロープウエイ車両を同時に改善することでBF化が実現した。

Column ♣ 箱根ロープウェイも

　登山ケーブルカーやロープウェイはかつてBF化は不可能と思われていたが、高野山では関係者がとことん考えて不可能を可能にした。車両の内部配置まですべて検討されている。同じような例として、箱根ロープウェイでは、早雲山駅～大涌谷駅～姥子駅～桃源台駅のロープウェイ全線にわたる更新工事をおこなった（8章5節参照）。エレベーターやエスカレーターの設置、ゴンドラとホームの段差・隙間の解消がなされ乗降口はワイドである。さらに、乗車時の一旦停止により、車いすを使用したままでの乗降を可能にしている。ゴンドラ内の座席は車いす対応で折りたためるようになっている。このように技術的に不可能と言われていても、あきらめずに粘り強く方法を検討すると道が開けることもある。箱根ロープウェイは、その他、授乳室整備やサービス介助士配置等で一味違う工夫をおこなっている。

車いすを使用したまま乗降できるロープウェイのゴンドラ
（提供：㈱箱根ロープウェイ）

5 南生協病院 ―愛知県名古屋市―

> 南生協病院はUDによる医療施設の模範となるとともに、医療の枠を越えて、子育て、健康等、市民のコミュニケーションの基地として地域社会に溶け込んだ新しい病院のあり方を指し示している。ユニバーサルなまちづくりの見本として優れた事例と言える。医療の枠を越えて地域社会と融合することによって、本来の医療も発展し、地域も活力をもつことをめざしている。市民協同でこの病院をつくる「千人会議」がこれらを実現させるポイントとなっている。

南生協病院はJR南大高駅に面して新しく開設された総合病院である。開設に当たっての基本コンセプトは、最新の医療内容をサービスするとともに、以下のような医療分野以外のまちづくりと融合させることであった（図9・11、9・12）。

①市民協同で病院をつくり、運営する。
　住民会議「千人会議」を通して地域の知恵を集め、施設整備に反映した。この会議は45回のべ5380人が参加した。

②病院は「病人」を治療するだけでなく、「健常者」が健康を維持し病気を予防する「健康まちづくり」の場にもする。
　多数の健常者が集まり体操等の健康維持活動がおこなえるよう工夫した。その他、市民企画のイベントが頻繁におこなわれている。エントランスホールは通年で朝7時から夜11時まで常時開放し、通勤・通学・買物の人の通り抜けを認めている。

③地域社会と一体化し、UDの考え方で図書館等さまざまな施設を病院内に設置する。

④駅と住宅を結ぶ動線を積極的に取り込んでいる。
　カフェ、フィットネス、助産所、保育所等多様な施設をつくり、病院を感じさせないにぎわいがある街路的空間をつくっている。

また、UDプロジェクトチームをつくり、障害者による検証をおこなった。実寸大によるサインの大きさ、色検証をおこなった。

この病院づくりは、医療という枠を拡げて、地域社会に必要な施設も内包させ、外部の「まち」と病院を全体的に歩行者ネットワーク化し、広域的まちづくりの一環として病院を位置づけるというユニークなものである。また、病院はBFが当然と思われる中でチームをつくり、UDの考え方で徹底的に検証し、多くのユニバーサルな空間と施設をつくり出し、これまでのマニュアル化された病院設計に新しい視点を吹き込んだ。この取組みはさらに発展してJR大高駅前に着工する「南生協よってって横丁」開設につながる。千人会議ではなく「10万人会議」が

図9・11　南生協病院　ロビーでは健康づくりフェスティバルを定期的に開いている。健常者も多数来院する。（提供：南医療生協）

図9・12　南生協病院　毎週末に病院内で「だんらん市」、「食品市」サロン・ドマルシェが開かれ、にぎわっている。（提供：南医療生協）

立ち上がり、医療、介護、高齢者居住の施設に、赤ちゃん、子ども、若者をつなげる大きな複合施設となる。

この例は病院とUDまちづくりの融合であるが、今後、さまざまな公共的施設を機能特化せずにUDまちづくりと融合させて整備していきたい。スポーツ・レジャー施設、福祉施設、大学等UDまちづくりと親和性のよい大型施設は多数ある。

2012（平成24）年度バリアフリー・ユニバーサルデザイン推進功労者表彰内閣府特命大臣表彰優良賞を受賞している。

Column ♣ 病院は健康な人が来るところ

「病院は病人が来るところ」は常識である。それを南生協病院は覆している。健康な人に来てもらう、を標語に、地域の人びとの健康維持、病気予防を全面に出した活動をおこなっている。考えてみれば、これは病院の重要な機能でありきわめて合理的なことである。当初とまどった医師もいたようだが、理解されると次々にそのための知恵が出されているらしい。これぞユニバーサル思考と言いたい。
（下記は南生協病院HPより）
病院らしい病院？
　24時間365日の救急医療、救急外来・救急病棟の充実
　　（将来ICUを開設していきます）
　療養環境を重視（個室を50％以上確保）
　緩和医療の拡大
　血液浄化センターの拡大等
病院らしくない病院？
　みなしる文庫（図書館）
　フィットネスクラブ wish
　「ダーシェンカーYou ー」大高店
　　（天然酵母・石釜焼きベーカリー）
　新鮮多菜カフェ＆レストラン「にんじん」
　　（オーガニックレストラン）
　みなみツーリスト（旅行代理店）
　生協間連携でのカフェ・レストラン・ショップなどを併設
　「多世代交流館・だんらん」
　　（料理教室・研修・ちいきだんらん市）

6　豊中市の全駅整備　　―大阪府豊中市―

> 豊中市は早期からBF化に取り組み、移動等円滑化基本構想づくりをおこなった。ていねいなBF協議会での議論と当事者参加による現地検証を通じて、鉄道、道路、公園等市域全体でシームレスなBFを実現している。この模範とも言える取組みは、多くの市で参考にされている。

大阪市の北に接する豊中市は交通バリアフリー法成立直後の2001年に基本構想検討委員会を設置し、市内を通る鉄道4路線13駅すべての基本構想を策定した。その後切れることなく策定協議会、継続改善協議会を開催してきた。分野を問わない幅広いBF化を展開しているが、その特徴は以下のようになる（図9・13、9・14）。

①方法とプロセス
　①当事者を主体にした現場検証と討論をおこなった
　②ワークショップ方式を巧みに利用した
　③毎回の協議会等の内容を市民に知らせるため、バリアフリーニュースを継続して39号まで発行している。これは他市に例を見ない数である
②ハード面の成果
　①全駅の基本構想にもとづき、おおむね事業計画通り順調に進捗している
　②その中で特に困難であった事業と思われるのは

図9・13　豊中市バリアフリー基本構想ワークショップ
（出典：豊中市HP）

以下である
- 千里中央駅はエレベーターがなかった。大阪府が駅ビルの競売を予定する中でのBF協議会の討論は困難をきわめたが、厳しいやりとりを経て結局BF化を条件とする売却の方向で決着させた
- 郊外ニュータウンに位置する北大阪急行桃山台駅は、内部外部ともに古い設計でBF化がおこなわれていなかった。当時の駅舎配置では構造的に対策が困難であり、地上交通の錯綜を避けるために駅舎全体を移動させた。BF、安全対策のために駅舎を大がかりに動かした例となった
- その他、阪急宝塚線の駅は古いため多くのバリアが残っており、技術的にも解決が難しい駅が残っていた。協議会で粘り強く検討して、結局事業者はその大半の問題を解決してBF化を達成することができた

③ソフト面の成果

豊中市の成果はこのようなハードだけでなく、ソフト面も大きい。
① 永続的改善システム（PDCA）サイクルを確立した。毎年継続協議会を定例化しチェックした
② 市の担当者と当事者のコミュニケーションが習慣化し点検（チェック）システムができた
③ 障害者が事前に工事情報を把握できるようにした。これも他市ではほとんど例を見ない。
④ 公共施設の工事に当たって障害者がチェックするシステムをつくり、要綱化した（図9·15）
⑤ 障害当事者、市民のUDレベルとスキルが向上した

豊中市のBF化の特徴は、何といっても丁寧な当事者参加を市が主導しておこなってきたことである。多くの市は基本構想をつくりっぱなしにして、事業は事業者任せにしていることが多い。結果として、市民・当事者には進捗状況すら不明である。基本構想担当部局が解散しているため要望の受付窓口すら不明であったり、新しい窓口では基本構想の事情がまったく通じない例も多い。豊中市は全市全駅を当事者参加でBF化し、継続して改善するという「志」をたてて実行し、長期的には多大な成果となっている。

第4回国土交通省バリアフリー化推進功労者大臣表彰を受賞した。

図9·14 豊中市桃山台駅新駅舎バリアフリー歩行者ネットワーク（出典：豊中市HP）

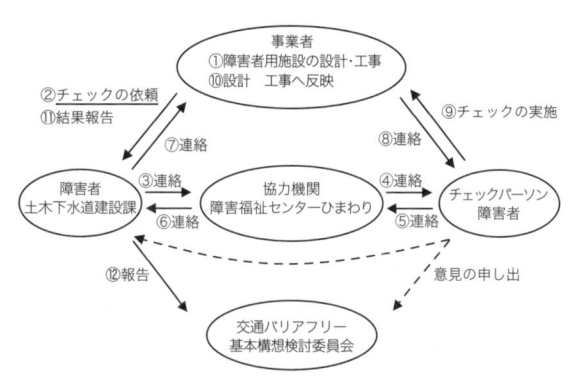

図9·15 工事チェックシステムの進め方（豊中市）（出典：豊中市バリアフリー基本構想）

7 静岡鉄道静岡駅周辺商業施設・鉄道・バスターミナル ─静岡県静岡市─

> 静岡鉄道㈱は静岡市と連携して「静岡駅周辺地区交通バリアフリー基本構想」を踏まえ、老朽化した鉄道・バスターミナル・商業施設を一体化したBFの再開発事業整備をおこなった。鉄道とバスの相互乗り継ぎの円滑化のユニークな例である。同時に静岡市は連携して電線地中化等の整備をおこない中心市街地活性化を図った。BFを商店街活性化等のまちづくりと結びつけた例として注目される。

静岡鉄道静岡駅周辺地区のBF化の特徴は以下である（図9・16、9・17）。

①鉄道とバスの乗り換えを一体化しシームレス化した
②障害当事者と協議会を設置し、当事者参画で整備をおこなった
③これに合わせて静岡市が周辺整備をおこない、より広範囲かつ効果的なBF化を進めた
④商業施設と交通ターミナルの一体的な再開発をおこなった

従前は敷地内をバスターミナルが貫通し、鉄道駅やバス停を利用する人は地下を経由して移動する必要があった。このように歩行者が地下を歩き、階段のバリアが連続するのは古い駅前広場では全国的に一般的であったが、近年、駅前の地上は「バス・自動車」、「人」は地下を歩いて階段を昇降という状態を解消して、人が広場をBFに歩く駅広づくりが進められており（金沢等）、この例はその模範となる。

また、歩行者回遊性の向上が図られ、中心市街地の活性化にもつなげた再開発事業の推進に当たり、地域の障害者団体等と「新静岡セノバ・バリアフリー推進協議会」を設立し、当事者参加・参画で事業を進めた。静岡市は当該再開発事業の完成に合わせ、周辺の電線類の地中化をおこなう等、交通事業者と地方公共団体が相互に連携することで、より広範囲かつ効果的なBF化を実現した。このように当事者を中心にして、市と事業者がしっかり連携したPDCAサイクルができると、まちの活性化にもプラスになる点が興味深い。

第6回国土交通省バリアフリー化推進功労者大臣表彰を受賞した。

異なる交通手段（モード）や路線のシームレスな乗り換えについては、近年では東京国際ターミナル（羽田）における京浜急行の空港フロア前乗り入れのようにバリアのない優れた例が出ている（図9・18）。外国の例であるが、LRT（路面電車）とバスが同じホームで乗り換える方法（図9・19）、床高が異なる郊外鉄道と低床のLRTが同じホームで乗り換えるため移動用スロープをホームに設けた例（図9・20）等を示しておく。これらはわが国ではまだ少ない。

図9・16 鉄道駅・バスターミナル・商業施設を一体的に整備した再開発ビルの公共用通路（静岡市）（提供：大熊昭）

図9・17 新静岡駅の黄色と濃いグレーを組み合わせた視覚障害者誘導用ブロック（提供：大熊昭）

図9・18　東京国際空港国際線ターミナルに直結したモノレール駅

図9・19　バスとLRTが同じホームの両側で発着（フライブルク、ドイツ）

図9・20　異なる高さの車両が着くホームと解消スロープ（ケルン、ドイツ）

8　札幌狸小路商店街　―北海道札幌市―

> 札幌狸小路商店街は、札幌市と連携して車いすBF、視覚障害者BFのため、自動車交通を乗り入れ禁止し、中央に点字ブロックを設置し、すべりにくい舗装等を面的に整備した。これらの施策は商店の同意を得にくく一般的には困難と言えるが、狸小路商店街は粘り強く話し合い、障害当事者参加で実現した。商店街はまた例を見ない大型情報板の設置を企画している。商店街のUD化の例として注目される。

　札幌市狸小路商店街は札幌市中心部に位置する商店街である。これまで商店街は人と車が混在して通行するとともに、幹線的な道路と交差しており、歩行者、特に高齢者・障害者にとって必ずしも安全で快適なまちとは言えなかった。一方、札幌市はかねて策定していた「バリアフリー基本構想」を改定し、2009（平成21）年3月にバリアフリー新法にもとづいた「新・札幌市バリアフリー基本構想」を策定した。取組みの中で狸小路商店街は、「狸小路商店街道路環境整備検討協議会」を立ち上げ、交通環境改善方策の検討を開始した。協議会は商店街会員・障害者・一般市民と繰り返し討論・協議をおこない、札幌市・北海道警察と連携して、道路の改良（ハード）や交通規制（ソフト）に関する社会実験をおこない、2012・2013（平成24・25）年に本格整備をおこなった。その内容は以下の通りである。

①視覚障害者誘導用ブロックの道路中央敷設（視覚障害者への対応）
②道路横断勾配の緩和等（車いす使用者への対応）
③24時間歩行者専用化の交通規制（車と歩行者の摩擦をなくす）
④通行許可を得た荷捌車等の車両通行のルールを自主的に制定
⑤当該ルールの継続的な運用（ソフト面での「継続改善」）
⑥舗装面のかさ上げ等をおこない、道路中央から店舗側への勾配を緩和。各店舗の出入口と道路

の高さを揃えた（道路と民地の高さ調整（4章参照））

優れた点をくわしく述べると以下のようになる。

①道路幅員が狭く歩道の設置が困難なアーケード街において、視覚障害者誘導用ブロックを何とか設置できないかと検討した。当事者である視覚障害者に参加してもらい、最終的にそれを道路の中央に設置することを決定した。商店街での点字ブロック敷設については、道路環境条件が多様であるためガイドライン等によるルール化がなされていない中で、関係者が集まり自主的に「狸小路方式」をつくり出した。

②そのためには全面的な交通規制と道路の排水処理の工夫などが必要になってくる。商店街の場合、交通規制は来客減につながる恐れからなかなか合意が得にくい。また、自動車の全面乗り入れ禁止は周辺の道路交通の円滑な処理に支障が出るものとしてなかなか実現しにくい。「粘り強い」討論により、長期的観点からこの商店街や周辺地域全体の活性化をめざす「解」を導くに至った。

③その他、商店街が自主的に、通行許可を得た荷捌車等の車両通行のルールを制定し、24時間歩行者専用化を実現させた。また、点字ブロック敷設箇所周辺に1.5 m幅の配色を変えた舗装を施すことで、輝度比（4章参照）を上げ歩行空間を明確にした（図9・21）。舗装面の仕上げを滑りにくく目地の少ない材料としたりして積雪時の対策をおこなった（図9・22）。このように「他者が決めたルールの機械的適用」でなく、「自分たちで考えて取組み化」するUDまちづくり例となっている。

④この取組みは、BF、UD、商店活性化の単一の目的からではなく、これらが組み合わされたものである。商店街の志が一貫して見られる。それが長続きする継続的改善を可能にしている。一体的・連続的な商店街整備の見本である。

狸小路商店街は他商店街では類を見ない大型情報板設置も導入しようとしている。これも商店街がUDをめざすことでさらなる活性化をめざす事例として注目される。

第7回国土交通省バリアフリー化推進功労者大臣表彰を受賞した。

図9・21　中央に点字ブロックを敷設（札幌狸小路商店街）

図9・22　当事者参加で路面も改良された（札幌狸小路商店街）

参考文献
1) 谷口元・磯部友彦・森崎康宣・原利明『中部国際空港のユニバーサルデザイン〜プロセスからデザインの検証まで』鹿島出版会、2007
2) 高山市HP『高山市のバリアフリーのまちづくり施策』
3) 国土交通省HP『第1回国土交通省バリアフリー化推進功労者大臣表彰について、同第2回〜第7回』
4) 土木学会土木計画学研究委員会『参加型福祉の交通まちづくり』学芸出版社、2005

10章
参加型福祉のまちづくり
―継続的な取組みのために―

POINT あらゆる人のニーズに応えるためには、社会の代表者による意思決定だけでは不十分であったり、偏っていたりする。また、一度決められた内容も時代とともに不適合になることもある。そうならないためには、多様な人びとが意思決定や見直しに参加できる仕組みが必要である。制度の確立とそれを運用できる人材の育成が大切である。

1 福祉のまちづくり施策における市民参加

1 市民参加の目的

福祉のまちづくりに関係する計画や設計に当たっては、福祉分野、交通分野、住宅分野等の限られた範囲内で議論するのではなく、さまざまな分野や立場の関係者とその利用者である市民等が参画して検討を進める必要がある。その際に「市民参加」という方法が下記の内容を期待して活用される。

①問題・課題の発掘とその解決法の糸口

まず、問題の当事者の意見に耳を傾けることが必要であり、その当事者（特に障害者）の参加が不可欠である。障害者は障害の内容、程度に個人差があり、周りの人びとがそれに気づくことが必要である。また、障害者同士もさまざまな障害部位を有する人がおり、ある人に対するバリアの克服が他の人に対するバリアを生ずることもある。よって、問題・課題の認識と問題解決の方法検討において、当事者も含めて多様な人びととの間での意見交換・調整が不可欠である。

②市民の問題意識の醸成

まちづくりの利害関係者であると同時にまちづくりの推進者でもある市民それぞれに問題意識を醸成させることが必要である。自らの福祉の実現に対する願いを福祉のまちづくり事業に反映させるだけでなく、お互いの理解により地域社会全体の福祉を実現するための方法を見つけることが必要である。

③幅広い人材育成

市民のそれぞれがお互いを理解し、自らの意見・

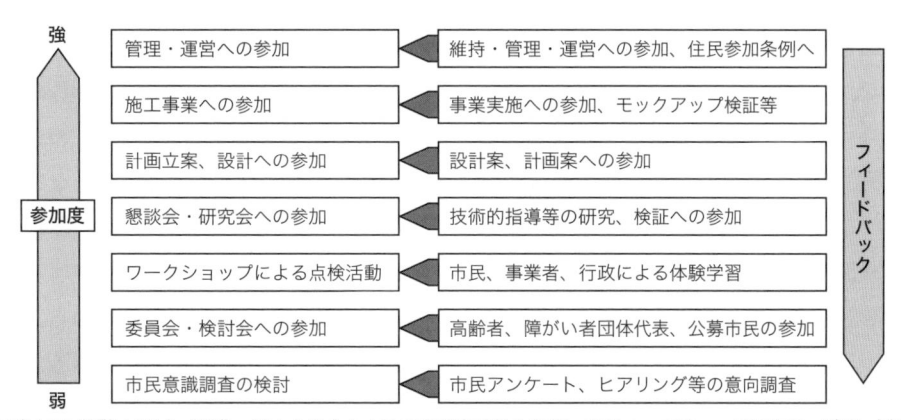

参加度		
強	管理・運営への参加	維持・管理・運営への参加、住民参加条例へ
↑	施工事業への参加	事業実施への参加、モックアップ検証等
	計画立案、設計への参加	設計案、計画案への参加
	懇談会・研究会への参加	技術的指導等の研究、検証への参加
	ワークショップによる点検活動	市民、事業者、行政による体験学習
	委員会・検討会への参加	高齢者、障がい者団体代表、公募市民の参加
弱	市民意識調査の検討	市民アンケート、ヒアリング等の意向調査

図10・1　市民参加の段階と形式（出典：㈳土木学会土木計画学研究委員会監修、交通エコロジー・モビリティ財団、㈶国土技術研究センター編「参加型・福祉の交通まちづくり」学芸出版社、2005）

主張を補強・修正したり、今まで気づいていない点を理解することにより、参加した市民が人間として発達し、公の場での意見交換により合意形成を図ることによって、地域社会づくりを担う人材として成長できる。

2 市民参加の段階と形式

市民参加には図10・1に示すようなさまざまな段階と形式がある。最も一般的な参加はアンケートやヒアリングによる計画案への意向表明であり、さらに一歩進んだものとしてはバリアフリー（以降、BF）基本構想策定等の検討会・委員会等への参加がある。また、ワークショップ（以降、WS）と呼ばれている市民参加型のまち点検も多用されている。さらに、問題解決のための福祉のまちづくり事業の遂行に関して、計画案や設計案の検討段階での参加、施工段階での参加、維持管理段階での参加等も積極的に進められている。一方で、整備手法や技術基準策定段階での市民参加も進められている。

3 市民参加の原則

市民参加を進めるための原則として、「参加の公平性」「個の尊重」「柔軟な対応」「合意形成」の4点があげられる。まず、参加者のそれぞれが対等の関係でなければならない。それは、利用者と事業者との関係、多様な市民・多様な障害者の関係、公的機関と民間組織との関係等でも対等な立場を保証すべきである。次に、参加者一人ひとりの立場と意見は尊重されなければならない。独善的とみなされる意見であっても、その発言者自身の困難苦難状況を素直に表現しているとも言える。さまざまな利害関係が存在する状況を共有することは、個々の意見の表明から始まる。さらに、多様な参加者からは種々の意見や提案が出される。時には、実現性が低いと思われるものや従来の法規や常識に合わないものも出てくる。しかし、前提条件（事業目的、予算規模、スケジュール等）が変われば実現性が高まるものもあるだろう。それらを最初から排除するのではなく、まず、さまざまな提案を受け付けて、その後で実現可能性を柔軟的に検討する必要がある。最後に、市民参加のゴールは参加者間や関係者間での合意を得ることである。少なくとも事業全体の総論レベルでの合意形成は達成したい。そして、各論レベルでの合意形成へと進むことが望ましい。

2 BF施策実施による影響を受ける関係者

BF化の実施による影響については、簡単に言えば、障害者・高齢者の外出可能ポテンシャルまたは社会参加ポテンシャルが高まり、実際に、社会参加が増加するということである。

移動に関わるBF施策としては、①事業者または管理者が設定してしまったバリアを物理的に除去する整備、および②国・地方公共団体による規制・誘導（法律、条例、基準、ガイドライン、補助金の条件等）がある。BF施策の目的は、施設整備であり、①が最終目的であるが、②は①を実施するための促進手段と捉えることもできる。

BF施策の影響は、高齢者・障害者等の当事者の範囲でとどまるものではない。以下では、BF施策の影響を関係者別に検討する（表10・1）。

①高齢者・障害者等

BF施策の主たる受益者は高齢者・障害者等である。身体や社会環境の状況により受益の程度は異なり、ひとくくりでは捉えることができない。

BF化が実施されれば、高齢者・障害者等の移動ポテンシャルは高まり、社会参加が可能となり、生活の質の改善、生活の充実・満足の向上が期待される。なお、けが人、子どもを連れている方、妊産婦等の一時的に機能低下している方も含む。

さらに、障害者・高齢者の物理的な雇用環境が整

備されることで、就業率が高まり、収入が得られるようになる。

②施設の管理者・事業者

BF化を進めることで、高齢者・障害者等の利用客が増加すれば収益が改善することも考えられる。日本では「障害者の雇用の促進等に関する法律」により事業主は一定割合（法定雇用数）以上の障害者等を雇用することが義務となっている。法定雇用数に達していない事業所は障害者雇用納付金を納付しなければならない。よって従業者のための職場のBF化も重要である。

公共交通事業者の場合も、施設整備に費用が増加する。しかし、公共交通機関のBF化による利便性向上が利用者増をもたらし、収入増となることも考えられる。

③介護者

介護者には、家族介護と委託介護の2種類がある。まず、家族介護の場合、BF化により介護者は介護の時間的拘束プラス精神的苦痛から解放され、自由に使える時間が増加する。介護者・被介護者の双方の精神的苦痛から解放されることもある。

一方、委託介護の場合、BF化により軽度、中度の障害をもった被介護者への介護が軽減でき、より重度の被介護者への対応に集中できる。

④一般国民（健常者）

高齢者・障害者等以外の一般の国民（健常者）も関係する。駅で昇降機が整備されると、健常者であっても移動負担が軽減される。その効果は個人単位では小さいが総量として大きな効果が見込まれる。また、施策実施のための費用の負担者（納税者）として関係する。ここでオプション価値という概念を考える。オプション価値とは将来、何らかの確率で享受するかもしれない価値のことである。健常者にとって現在はBF化に無関心でいられるが、将来、何らかの障害を有する懸念があり、その時点でBF化された施設等を利用できるという価値が、現在においても発生していると考えることができる。

⑤国・地方公共団体

BF化により社会保障費を軽減できる可能性がある。さらに、クロスセクター・ベネフィット（通常考えられている狭い分野の境界を越えて影響が及ぶもの）として、訪問医療、介護費用の減少も期待できる。

⑥その他の関係者

その他の関係者として、競合する他事業者やBF化された店舗に付随する周辺の商業施設（鉄道駅構内の施設含む）等がある。周辺の商業施設の場合、もし、BF化により施設の利用者が増加すれば、それ

表10・1　BF化の影響を受ける関係者およびその影響
（出典：国土交通省国土交通政策研究所「バリアフリー化の社会経済的評価の確立へ向けて」）

関係者	メリット	デメリット
高齢者・障害者等*1	・生活の質、満足度の向上、社会的参加の活発化 ・けが等の減少 ・就業による収入増	・バリアフリー化の費用が商品価格等に転嫁された場合はその費用負担
事業者・施設管理者	・利用客増加による売上げ増 ・国、地方公共団体による助成、補助金等の受託 ・障害者雇用により納付金を払わずに済む	・バリアフリー化によるコスト増 ・コストを転嫁した場合は売上げ減少（可能性） ・売上増加による法人税等の増加 ・バリアフリー化しなかったことに対する訴訟費用
介護者	・精神的苦痛、時間的拘束からの解放（家族介護の場合）	・収入の減少（委託介護の場合）
一般の国民（健常者）	・利便性の向上、けが等の減少 ・将来、自分が被るかもしれないオプション価値	・バリアフリー化の費用が商品価格等に転嫁された場合はその費用負担（消費税含む）
国・地方公共団体	・社会保障関係給付の削減の可能性 ・障害者の就業促進、消費増加等による税収増加	・バリアフリー化に伴う支出増（施設整備、助成等）
その他	・周辺の商店等の売上げ増	・周辺商店等での税負担の増加 ・競合事業者での売上げの減少

*1）障害者等には、けが人、子供連れ等も含む

に伴い周辺の商店街の利用者が増加し、その結果、売上げは増加するものと考えられる。

以上より、BF化施策により影響を受ける関係者およびその影響の事例を整理すると表10・1のとおりである。

3 市民参加の進め方

1 会議のユニバーサルデザイン

さまざまな種類の障害をもつ人が委員会やWSに参加すること自体に多くのバリアが存在する。当然ながら参加者すべてに同様の議論の機会を提供しなければならない。会議で使用する資料の準備においても、参加者のコミュニケーション能力に応じて準備する必要がある。専用用語にはその読み方や意味がわかるようにし、文字の大きさと色の使い方に対する配慮も必要である。以下に個別の配慮を述べる。

視覚障害者には点字による資料を用意し、また、地図を用いた表現を理解してもらうためには、口頭での資料説明、現地での確認、立体模型による説明等の準備を事前に実施する必要がある。また、場所や経路を具体的な地名で表現できるベースマップを作成しておき、参加者との確認の上で呼び方を決めておくことも有効である。

聴覚障害者に対しては手話通訳者を用意したり、要約筆記者を用意したりする。よって、聴覚障害者の参加する会議では、参加者は難解な専門用語や業界用語の使用は避け、早口にならないように発言する必要がある。また、聴覚障害者と手話通訳者・要約筆記者との事前打ち合わせを会議の主催者（主な発言者も含まれることが望ましい）を交えて実施する。また、磁気誘導ループという装置（会場に備え付けのものや移動式のもの等がある）を介すれば、それに対応した補聴器使用者にはマイクの音声を直接に伝達可能な場合もある。

車いす使用者の場合には、大図面の資料を机上に置くと細部が読み取れないことがある。そのような場合には壁面への掲示、床面への設置等の工夫が必要である。

2 WSの方法

効果的なWSとは、参加者から見て効果の期待されるWSの構築をめざすもので、多様な参加者が自らの思いや考え、意見を表明でき、それを参加者が共有し、納得できる合意が得られることとする。福祉のまちづくりでは、特に高齢者や障害のある当事者をはじめ多様な市民の参加に大きな特徴があり、そのためにWSの進め方には配慮が必要となる。

WSは、企画→準備→実施→事後整理という手順で進められる。

①企画
- 目的の明確化：何を検討するためにWSを開催するのかを明確にする。参加者同士が多様なニーズのあることに気づき、理解できる企画とする
- 対象フィールドの明確化：鉄道駅の整備、公共施設の整備等、何を検討するのかを明確にする
- 参加者の検討：目的達成のためには誰の意見を収集すべきかを明確にする。利害関係者、事業関係者の範囲も明確にする

②準備
- 主催者側の認識共有化（プレWS）：主催者メンバーによる事前検証をする
- 参加者の依頼・募集：障害のある当事者の参加依頼、専門家アドバイザーの依頼をする
- 情報保障の準備：「WSのしおり」や当日の運営も含めて情報保障（点字資料、音訳データ、手話通訳、要約筆記等の提供）に配慮する

③実施
- オリエンテーション：点検における問題点や課題、体験的に理解する方法等を、障害のある当事者等参加者に対して説明する
- 点検のためのまち歩き：障害のある当事者等、

自分とは異なる利用者の指摘やニーズに接して、ニーズの違いを実感する（図10・2）
- 疑似体験の実施：健常者に対して共感的理解が得られるように疑似体験を実施する。障害のある当事者は毎日の生活の中で、さまざまな対応の工夫や行動の仕方、認知の方法の中で行動している。そのためには、当事者と共に疑似体験し、誤解や疑問に対してその場で解説を受け、体験的に理解できる機会が有用である
- 点検作業のまとめ：ファシリテーター（コラム参照）が進行役となってまとめる。会議中は、現在どのように議論が流れているかを参加者全員にわかるような図（ファシリテーショングラフ）を作成していく。内容は、他の意見との関連、意見の段階的階層的な構造、論理の流れや因果関係等意見や議論の構造を一目で見て理解しやすいものとする
- 発表：WSでの作業は必ず参加者全員に向けて発表し、全体で考えを共有する。視点の違い、気づきの違い、提案の違い等多様なニーズ、多様な意見を知る。発表内容について障害のある参加者やアドバイザーの、異なった視点からの意見や講評を受けることが重要である（図10・3）

④事後整理
- 評価：WSについて参加者の評価を聴取する。

図10・2　まち歩きのようす（名古屋市金山駅周辺）

Column ♣ファシリテーターとは

【役割】
　会議やミーティング、住民参加型のまちづくり会議やシンポジウム、WS等において、議論に対して中立な立場を保ちながら話し合いに介入し、議論をスムーズに調整しながら合意形成や相互理解に向けて深い議論がなされるよう調整する。
　単なる司会役や進行役ではなく、参加者や議論の対象によっては、意見交換だけでなく、視覚に訴える手法や、身体の動きや移動を使った技法、感情的抽象的表現から問題点を具現化させる方法等を使用する。
　ファシリテーターが参加者の立場も兼ねる場合もある。

【WSにおける立場】
　ファシリテーターはWSの企画立案の責任者でもある。すなわち、WSをまちづくり計画や整備計画にどのように活かすのか、あるいはどのように位置づけるのかまで理解をしている必要があり、まさに計画づくりそのものに関わるものと言える。

【進行役としての留意点】
①全員の発言を取り上げる（行政職員も一参加者も）とともに発言は皆に平等・公平に配分する
②ファシリテーターの意見でリードしない。すなわち必要以上に解説や説明はしない、説得もしない
③柔軟な対応、無理に収斂させない

【人材育成にも配慮】
　地域の中で主体的に参加のまちづくりを担える人材の育成も、ファシリテーターの役割である。特に障害のある当事者がWSの中で適切なアドバイザーとして意見を伝えられることが重要である。
　しかし、自分の障害以外の多様なニーズを理解し、福祉のまちづくりに関わる市民参加の経験をつんだ当事者はまだ少ない状況であり、種々の研修が実施されている。

【資質】
ファシリテーターには次の資質が必要。
①市民参加のプログラムを信頼していること
②参加した市民を信頼していること
③障害当事者を含む多様な市民との協働作業の経験があること
④多様な意見に対して機知に富んだ整理ができ、そのための知識・技術・経験があること
⑤WSは自分自身が気づき、教えられる場であると知っていること

複数回開催する WS の場合、各回の WS の間に宿題や自主活動を組み込むと、自ら考えたり調べたり現場を見ることになり、主体的に WS に関わる姿勢が醸成される

・ニュースレター：ニュースレター（情報紙）を発行し、より多くの市民に活動内容の報告をし、意見を募ることも考える
・報告会・講演会等の開催：市民や関係者に集まってもらい、WS の成果を報告することや、他地区の事例に詳しい人の講演を聞くことは、ニュースレターよりも具体的に情報提供する仕組みとして有効である

4 継続的改善（交通 BF を事例に）

BF 基本構想等の計画が策定できたらその内容を実現しなければならない。その際の検討事項を提案する。

①積み残しの議論への対応

協議会での議論には対象地域と目標年次の制約等から出てくる限界がある。「重点整備地区以外の整備は？」「2020 年以降は？」という議論が出ても基本構想のとりまとめに際してはついつい後回しにされてしまう。しかし、「まち全体」をよりよくすることが究極の目的であるはずなので、残された課題を引き続き検討する組織を市町村独自で設置する必要がある。それは、BF 基本構想策定協議会をそのまま残すことも一案であるし、別組織でもよいであろう。図 10・4 に継続的推進体制の例を示す。

図 10・3　ワークショップのようす（愛知県春日井市）

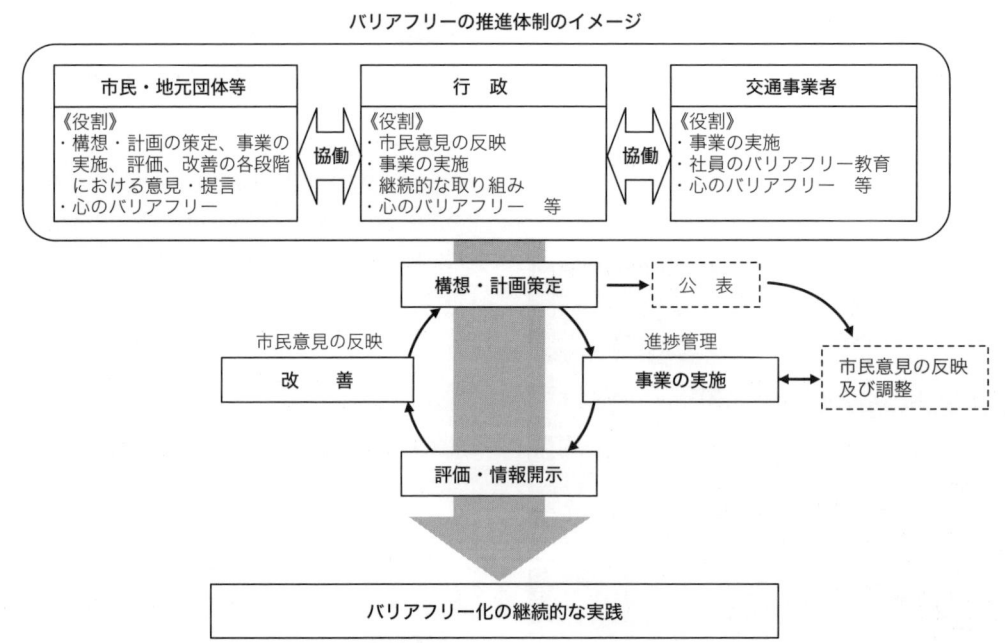

図 10・4　バリアフリーの推進体制の事例（愛知県瀬戸市）（出典：瀬戸市 HP「新瀬戸駅・瀬戸市駅周辺バリアフリー構想」2009）

②特定事業計画の策定と実施

　道路、公共交通、交通安全等の特定事業計画を基本構想と同時に策定するケースと、基本構想成立後に策定するケースがある。後者の場合では、さまざまな関係者（特に当事者や市民）間で議論や確認作業がおこなわれない状況も見られる。また、設計、施工段階での当事者参加が保証されているとは言えない。特定事業となると予算措置も含めた具体的な内容が要求され専門的になりがちであるが、その場合でも工程管理の中に当時者等による確認作業を当初から組み入れておくことが重要である。

参考文献
1) ㈳土木学会土木計画学研究委員会監修、交通エコロジー・モビリティ財団・㈶国土技術研究センター編『参加型・福祉の交通まちづくり』学芸出版社、2005
2) 国土交通省国土交通政策研究所「バリアフリー化の社会経済的評価の確立へ向けて—バリアフリー化の社会経済的評価に関する研究（Phase II）—」『国土交通政策研究』第3号、pp. 47-50、2001
3) 寺島薫「効果的なワークショップの進め方」『土木計画学研究・講演集』Vol. 31、2005
4) 瀬戸市HP『新瀬戸駅・瀬戸市駅周辺バリアフリー基本構想』2009

11章 地域社会と福祉のまちづくり

―多様な人びととの多様な進め方―

POINT 誰もが地域で生活できることは大切である。そのための社会そのもののあり方について考えなければならない。ここでは福祉政策におけるソフト施策を含めた多面的なまちづくりの進め方と、福祉政策や福祉都市環境整備の必要性を学習する方法について述べる。多様な人びとの存在を理解し、相互に助け合うことにより持続可能な地域社会を築く意義とその方法を学ぶ。

1 地域で支える福祉

1 自助・共助・公助

これからのまちづくりは、子どもから高齢者まで住民の誰もが住み慣れた地域の中で、心豊かに安心して暮らせるような仕組みをつくり、それを持続させていくことが求められている。そのためには、さまざまな生活課題について住民一人ひとりの努力（自助）、住民同士の相互扶助（共助）、公的な制度（公助）の連携によって解決していこうとする取組みが必要である。

例えば、日本政府の「社会保障の在り方に関する懇談会とりまとめ」（2006年5月）では、社会保障についての基本的な考え方において、自助・共助・公助の考え方を図11・1のように提言している。

こうした背景には、それぞれ異なる個性をもった人びとが、その個性を尊重しながら他の人や行政等に過度に依存せず自立した生活を送ることができ、その上で互いに協力して、お互いの不足を補い合いながら協働できる地域社会をつくるということが前提となっている。

2 国際生活機能分類―ICF

人の健康状況と生活状況の関係を表現する方法として、国際生活機能分類（International Classification of Functioning, Disability and Health, 以降、ICF）を世界保健機関（WHO）が2001年に定めている。ICFによると人における障害の概念を再整理できる。

ICFには2つの部門があり、それぞれは2つの構成要素からなる。

〈第1部：生活機能と障害〉
　a）心身機能（Body Functions）と
　　身体構造（Body Structures）
　b）活動（Activities）と参加（Participation）
〈第2部：背景因子〉
　c）環境因子（Environmental Factors）
　d）個人因子（Personal Factors）

心身機能とは、身体系の生理的機能（心理的機能を含む）である。身体構造とは、器官・肢体とその構成部分等の、身体の解剖学的部分である。活動と

わが国の福祉社会は、自助、共助、公助の適切な組み合わせによって形づくられるべきものであり、その中で社会保障は、国民の「安心感」を確保し、社会経済の安定化を図るため、今後とも大きな役割を果たすものである。
　この場合、すべての国民が社会的、経済的、精神的な自立を図る観点から、
　①自ら働いて自らの生活を支え、自らの健康は自ら維持するという「自助」を基本として、
　②これを生活のリスクを相互に分散する「共助」が補完し、
　③その上で、自助や共助では対応できない困窮等の状況に対し、所得や生活水準家庭状況等の受給要件を定めた上で必要な生活保障を行う公的扶助や社会福祉等を「公助」として位置付けることが適切である。

図11・1　今後の社会保障のあり方について（出典：首相官邸HP）

は、課題や行為の個人による遂行のことである。参加とは、生活・人生場面への関わりのことである。人の生活機能と障害は、健康状態（病気〈疾病〉、変調、傷害、ケガ等）と背景因子とのダイナミックな相互作用と考えられる。つまり、心身状況だけで障害者と決めるのではなく、活動や参加ができないことが障害として定義できる。

背景因子には「環境因子」と「個人因子」の2つがある。環境因子とは、人びとが生活し、人生を送っている物的な環境や社会的環境、人びととの社会的な態度による環境を構成する因子のことであり、生活機能と障害のあらゆる構成要素と相互に作用しあう。個人因子とは、個人の人生や生活の特別な背景であり、健康状態や健康状況以外のその人の特徴からなる。これには性別、人種、年齢、その他の健康状態、体力、ライフスタイル、習慣、生育歴、困難への対処方法、社会的背景、教育歴、職業、過去および現在の経験（過去や現在の人生の出来事）、全体的な行動様式、性格、個人の心理的資質、その他の特質等が含まれる。

ICFによるさまざまな構成要素間の相互作用を図11·2のように図示することにより、障害過程を理解しやすくなる。前節の自助とは個人因子における取組みであり、共助、公助は環境因子における取組みと言える。

①医学モデルと社会モデル

障害と生活機能の理解と説明のために、さまざまな概念モデルが提案されてきたが、主なものとして「医学モデル」と「社会モデル」が対比されて説明されている。

医学モデルでは、障害という現象を個人の問題として捉え、病気・外傷やその他の健康状態から直接的に生じるものであり、専門職による個別的な治療というかたちでの医療を必要とするものと見る。障害への対処は、治癒あるいは個人のよりよい適応と行動変容を目標におこなう。主な課題は個人に対する医療である。

一方、社会モデルでは障害を主として社会によってつくられた問題とみなし、基本的に障害のある人の社会への完全な統合の問題としてみる。障害は個人に帰属するものではなく、諸状態の集合体であり、その多くが社会環境によってつくり出されたものであるとされる。したがって、この問題に取り組むには社会的行動が求められ、障害のある人の社会生活の全分野への完全参加に必要な環境の変更を社会全体の共同責任とする。したがって、問題なのは社会変化を求める態度上または思想上の課題であり、人権問題も含まれる。

ICFはこれらの2つの対立するモデルを統合して説明できるように考えられている。つまり、1つの統合した関係性（統合モデル）にもとづいて、生物学的、個人的、社会的観点における、健康に関する異なる観点の首尾一貫した見方を提供する。

②社会モデルと福祉のまちづくり

社会モデルの考え方からは、社会環境を変更することにより、障害状況を変えることができることとなる。このことから、公共空間の物的バリアの解消、利用方法の見直しにより、障害状況を軽減できたり、なくしたりできる。社会的参加が保障されれば、心身の状況はその人の「個性」として捉えればよい。そのためには、さまざまな関係者、専門職との共同作業が必要である。福祉のまちづくりの意義は、社会モデルの実践と言える。

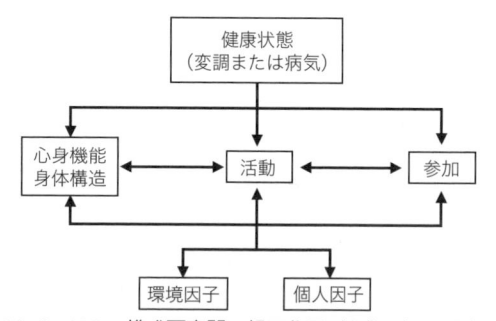

図11·2 ICFの構成要素間の相互作用（出典：厚生労働省HP）

3 地域福祉計画

かつての福祉と言えば、行政による措置や一方的なサービス提供が主であり、対象者はその支援を必要とする人やその家族であった。それらの人びとの多くは、福祉施設の中に居住して、そこでサービスを受けてきた。

しかし、少子高齢化の急速な進行や核家族化、産業構造の変化やライフスタイルの多様化により、家族内の扶養機能の低下や地域での相互扶助機能の低下が起きている。また、学校でのいじめや仕事、人間関係のストレスによるうつ病や病気、経済的な理由等に伴う自殺者の増加、配偶者からの暴力、子育てに伴う幼児虐待や介護疲れ等、新たな問題も多く発生している。このような状況の中で、福祉のあり方も必然的に大きく変えていかなければならない状況にある。

今後は、すべての住民が年齢や障害の有無等に関わらず、生涯にわたってその人らしく安心して暮らし続けられるよう、行政、サービス提供事業者、社会福祉関係機関における連携・協働のもと、福祉サービスの適切な利用の推進と質の向上、サービス基盤の整備が求められる。それとともに、自治会、ボランティア、NPO等のさまざまな組織が有機的に協働し、住民に身近な地域で福祉のさまざまな問題に取り組んでいくことが必要である。

社会福祉事業法から法名改正されて再スタートした「社会福祉法」（2000年改正）では、今後の社会福祉の基本理念の1つとして「地域福祉の推進」を掲げるとともに、地域福祉を推進する主体と目的を定め、地域における福祉施策や住民の福祉活動を総合的に展開することを求めている。この法律に準拠する法定計画として各市町村では地域福祉計画を定めている（表11・1）。

以下に示す内容が地域福祉計画を策定する主なねらいであり、地域住民の意見を十分に反映させながら策定しなければならない。

・対象者別の縦割り計画の解消と福祉施策全体にわたる総合化の実現、地域住民や福祉サービス事業者等とのネットワーク構築
・福祉分野からまちづくりを考える住民参加機会づくりと、地域活動の促進
・計画策定を通じた住民の福祉意識の高揚と地域コミュニティの活性化

地域福祉とは、制度によるサービス（図11・3の「公助」）を利用するだけでなく、地域の人と人とのつながりを大切にし、お互いに助けたり助けられたりする関係やその仕組み（図11・3の点線で囲まれた「共助」）をつくっていくことである。

表11・1 社会福祉法における地域福祉を推進する主体と目的に関する条文

条	条文
第4条 （地域福祉の推進）	地域住民、社会福祉を目的とする事業を経営する者及び社会福祉に関する活動を行う者は、相互に協力し、福祉サービスを必要とする地域住民が地域社会を構成する一員として日常生活を営み、社会、経済、文化その他あらゆる分野の活動に参加する機会が与えられるように、地域福祉の推進に努めなければならない。
第107条 （市町村地域福祉計画）	市町村は、地方自治法第2条第4項の基本構想に即し、地域福祉の推進に関する事項として次に掲げる事項を一体的に定める計画（以下「市町村地域福祉計画」という。）を策定し、または変更しようとするときは、あらかじめ、住民、社会福祉を目的とする事業を経営する者その他社会福祉に関する活動を行う者の意見を反映させるために必要な措置を講ずるとともに、その内容を公表するものとする。 1 地域における福祉サービスの適切な利用の推進に関する事項 2 地域における社会福祉を目的とする事業の健全な発達に関する事項 3 地域福祉に関する活動への住民の参加の促進に関する事項

2 BFのソフト施策

1 地域住民によるソフト施策

高齢者・障害者等の移動等円滑化を実現するためには、施設の整備（ハード）だけでなく、ソフト面での施策展開が必要である。ソフト施策に関する取組みとしては、「心のバリアフリー（以降、BF）」

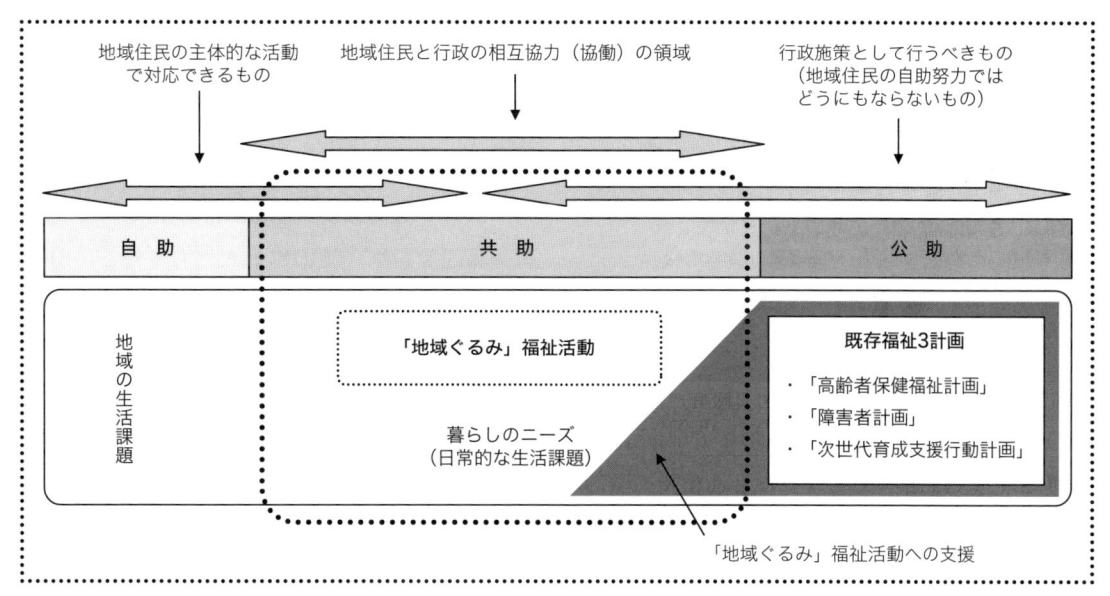

図11・3 「自助」「共助」「公助」と地域福祉計画の関係図（岐阜県海津市の事例）（出典：海津市HP）

○自助：個人や家庭による自助努力（自分でできることは自分でする）
○共助：地域社会における相互扶助（隣近所や友人，知人とお互いに助け合う）や民間非営利活動・事業、ボランティア、住民活動、社会福祉法人などによる支え（「地域ぐるみ」福祉活動に参加して地域で助け合う）
○公助：公的な制度としての福祉・保健・医療その他の関連する施策に基づくサービス供給（行政でなければできないことは、行政がしっかりとする）

「情報提供」「妨害行為・阻害行為の自粛」「設計・施工技術の向上」「交流・協働活動の促進」等種々あげられる。これらの実施主体、取組み内容、実施時期を可能な限り具体的に記載することが重要である。その方策を移動等円滑化基本構想に具体的に示すことも重要である。

このソフト施策の実施主体として重要な役割を果たすのは地域住民である。行政や各事業者の対策の効果を十分に発揮できるかどうかは、地域住民の自らの行為・行動が適切な状況にあるかどうかに依存する。

そのためには、障害者、高齢者、その関係者だけでなく、地域住民も一緒になってBFに関する情報提供を始め、さまざまなソフト施策を実施していくことが重要である。

2 心のBFの推進

障害当事者等やその関係者の行為に対して迷惑や妨害となる行為をしないよう心がけるとともに、それらの人びとに対して関心をもち、十分な注意を払ったり、必要な支援・協力をしたりするような対応が必要である。このような人びとの行為や意識作用を「心のBF」という。

また、日本政府の「バリアフリー・ユニバーサルデザイン推進要綱」では、「ハード・ソフトの取組みの充実に加えて、国民誰もが、支援を必要とする方々の自立した日常生活や社会生活を確保することの重要性について理解を深め、自然に支え合うことができるようにする」ことを心のBFと呼び、ソフト施策とは別次元のもの（語呂あわせで「ハート」「ハートフル」と呼ばれることもある）とする考え方もある。

いずれにしても、BF化の重要性や高齢者・障害者等に対する理解を深め、行動につなげる「心のBF」を推進することがひじょうに重要である。

具体な取組み例としては、以下のものがあげられる。

①広報・啓発
- 住民の高齢者・障害者等への理解促進
- 生活関連経路の沿道住民（商店主等）に対するBFの理解促進
- 建築主・事業主に対するBFの啓発
- 行政機関の職員や各種サービス事業の従業員に対する高齢者・障害者等への理解促進と対応の向上

②教 育
- 学校における福祉（心のBF）教育の実施
- 住民に対する教育活動、学習機会の提供

3 BFに関する情報提供

　視覚、聴覚等情報系障害者にとっての大きなバリアは各種情報の取得と伝達の困難さと、コミュニケーションの困難さである。また、平常時だけでなく、緊急時・異常時における各種の情報伝達が不十分な場面が多いことが指摘されてきた。各種の情報伝達装置やコミュニケーションツールが発達、普及してきたが、情報の内容や発信時期についても十分な配慮が必要である。各種媒体の活用・工夫が必要である。
　具体な取組み例としては、以下のものがあげられる。
- 市町村による特定事業等に関する情報（進捗状況、実施予定等）の開示
- 工事情報の提供
- BFマップ（またはバリアマップ）の作成・配布
- BF事例の紹介、事例集の作成　等

4 その他のソフト施策

　上記以外にも以下に示す種々のソフト施策が考えられる。幅広い対象者への対応、新技術の活用も当初はソフト施策として取り組む。

①妨害行為・阻害行為の自粛
- 自動車違法駐車取締り強化と防止に向けた啓発
- 放置自転車対策
- 安全な歩行空間を阻害する行為への対策
- 歩道上への商品のはみ出し陳列や自動販売機・看板等の設置等、安全な歩行空間確保に支障を及ぼす行為を防止するための指導や活動

②設計・施工技術の向上
- 設計・施工者等への意識啓発・技術力向上
  施設を設計・施工する人たちに対し、BFの整備に関する意識を高める活動や、技術力を向上させるための支援をおこなうこと
- 工事中のBF
  通路幅員の確保、段差の解消、視覚障害者誘導用ブロックの設置、誘導員の配置等、工事中であっても利用者が安全に安心して歩ける空間の確保、工事情報の提供等（例：横浜市「工事中の歩行者に対するバリアフリー推進ガイドライン」）

③交流・協働活動の支援・促進
- 知的障害者等の公共交通利用促進
  知的障害者等が一人で公共交通を使えるよう支援するプログラムを作成すること等（例：米国イースター・シールズプロジェクトアクション）
- NPO・ボランティア等への活動支援や連携
- BF点検の定期的・継続的な実施
- BFへの市民参画・市民との協働

3 BFを学ぶ

1 BFの必要性の学び方

　BF対策の必要性を地域住民はじめ多くの人びとの理解度を向上させることが必要である。その方法として、障害者や高齢者の生活を疑似体験したり、ともに問題点を語りあったりすることが有効である。10章で紹介したワークショップのメンバーに障害者・高齢者、その関係者を交えることも有効である。また、将来社会の担い手である次世代の人びとの理解度向上のために、通常の学校教育の内容に組み込むことも有効である。例えば、大阪府柏原市では交

通バリアフリーの解説冊子「このまちに暮らしたい」を大学との連携で作成し、同市内の小中学校での教材となっている（図11・4）。

さらに、社会人に対しては職場での研修時に、地域では防災訓練時等に障害者や高齢者への対応・接遇の方法を採用することも必要である。

2 BF教室の意義

急速な高齢化や障害者の自立と社会参加の要請に適切に対応し、高齢者、障害者等が公共交通機関を円滑に利用できるようにするため、施設整備（ハード面）だけではなく、手助けがしやすい環境づくり（ソフト面）をおこなうことが求められている。

そのために、高齢者、障害者等に対する介助等の体験等をおこなうことを主な内容とする「BF教室」を開催し、その体験を通じてBFについての理解を深めるとともに、ボランティアに関する意識を醸成し、高齢者、障害者等に対し、誰もが自然に快くサポートできる「心のBF」社会の実現化を進めていくことが必要である。

行政（例えば国土交通省、自治体）、社会福祉協議会、公共交通事業者、障害者団体等がBF教室の主催者となり、教育機関等と連携して実施している。各種資格取得のための研修や職場研修としておこなわれている場合もある。

3 BF体験施設（国土交通省）

国土交通省では、技術事務所（全国各地）の敷地内に「BF体験施設」を設置している。これは、さまざまなBF構造や新技術を取り入れた体験型の施設である。誰もが安全・安心・快適に利用できる歩行空間の整備を推進するため活用される。以下では、中部技術事務所のBF体験歩道について解説する（図11・5）。

① **透水性舗装**：歩道の舗装を水平にすると通行しやすくなるが、「水たまり」ができやすくなる。そこで、

図11・4　柏原市交通バリアフリーの解説冊子

水が浸み込みやすい舗装としている。

② **誘導ブロックと舗装材の輝度比**：種々の色彩の舗装があり、誘導ブロックの見え方の違いを比較できる。

③ **グレーチング（側溝のふた）**：車いすの車輪や杖等が挟まらないように、網目を細かくする工夫等がしてある。

④ **スロープ（坂路）**：ここでは、縦断こう配の異なる3つのスロープ（5％、8％、11％）を設け、比較できる。

⑤ **車いすの回転スペース**：さまざまな広さの区画を設け、車いすの回転や方向転換に必要なスペースを体験できる。

⑥ **振動の少ない舗装材**：車いすやベビーカーが通行する時の振動が少ない舗装材（表面に小さな溝を設けてある）が採用されている。また、舗装材の継ぎ目に段差が気にならないような工夫がしてある。

⑦ **誘導ブロックとマンホール**：マンホールを迂回するために曲げて設置された誘導ブロックを悪い事例として紹介している。

⑧ **交差点付近の誘導ブロック**：横断歩道手前での停止線として警告ブロックを2列に並べる等の一般的な事例を紹介している。

⑨ **横断歩道に接続する歩道と車道の段差**：歩道と車道との段差が 0cm、1cm、2cm、3cm の箇所が設けてあり、実際に両者の立場で比較検討し、望ましい段差について検討することができる。

⑩ **バス停**：歩道の高さを 15cm とし、歩行者の移動に支障のないような上屋・ベンチ等の設置、誘導ブロック、照明設備、案内施設等が設置されている。

⑪ **車両乗り入れ部**：水平に近い歩道の幅をできるだけ広くするとともに、車いす使用者でも上れる傾斜となるように配慮してある。

⑫ **斜めの誘導ブロック**：横断歩道への進行方向を間違えないように、手前の区間で斜めに誘導ブロックを設置し、横断歩道の中心付近を歩けるために工夫がなされている。

⑬ **視覚障害者用横断帯（エスコートライン）**：誘導ブロックと同様の突起を横断歩道中に設けてある。また、歩道の縁石部分にも突起を延長し、歩道上の誘導ブロックとの連続性を確保し、雨水排水や土砂堆積への工夫もなされている。

⑭ **ユニバーサルデザインベンチ**：車いす使用者のためのスペースを確保し、「立ち上がり」や「座り」の動作の支えになる手すりがついている。

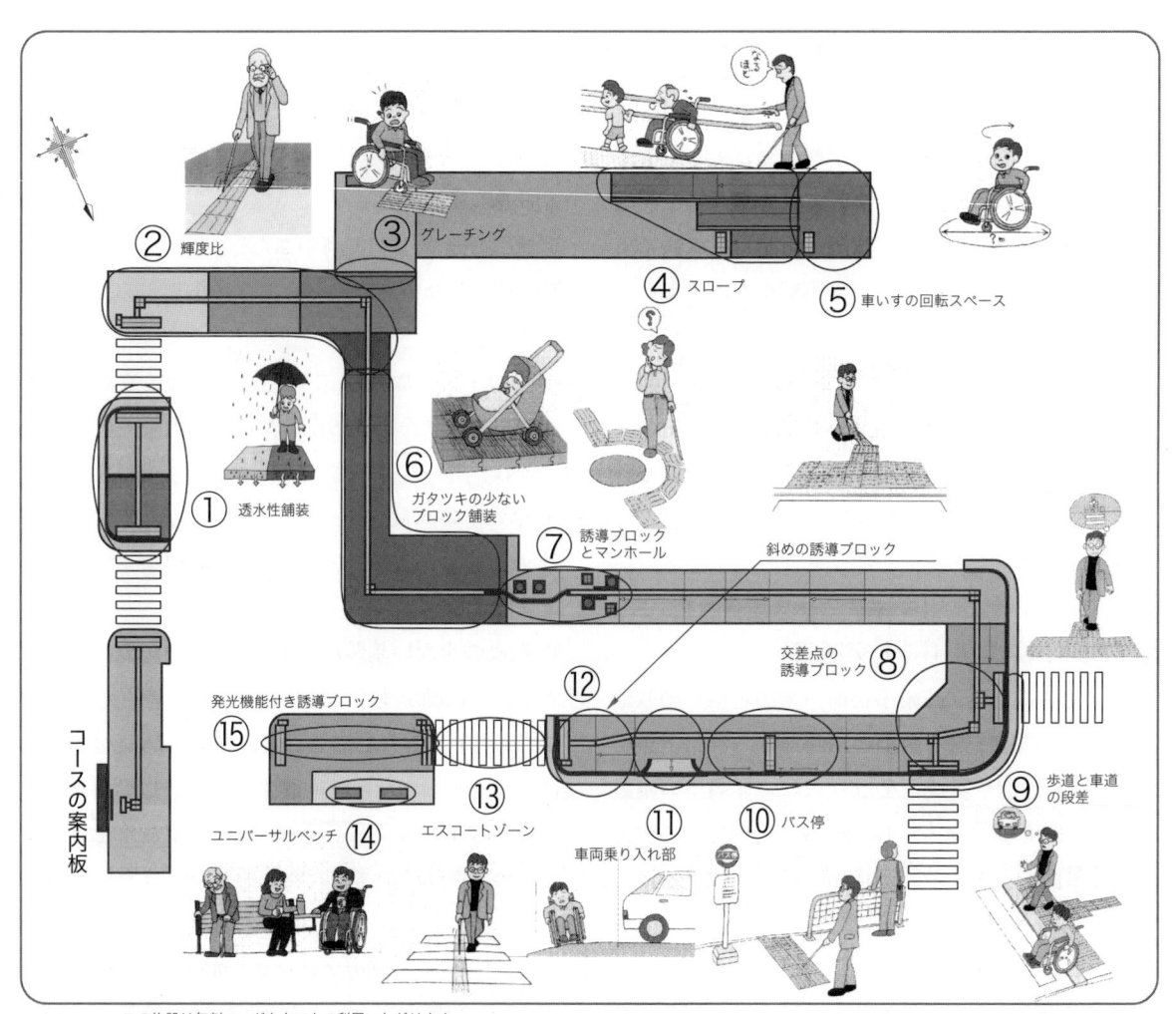

図 11・5　バリアフリー体験歩道コースの例（出典：国土交通省中部地方整備局 HP「バリアフリー体験歩道（中部技術事務所）」）

⑮発光機能付き誘導ブロック：周辺の環境が暗くなっても認識できるように、線状や点状に発光する機能をもたせた誘導ブロックがある。

4 BF 教室の事例

BF 教室という啓蒙活動が国土交通省等で取り組まれている。小中学校での総合学習、NPO 等の市民活動、自治体や交通事業者の普及活動等との連携も積極的に図られている。ここでは、愛知県豊田市で実施された様子を紹介する（表11・2）。この教室では、BF 化された駅と BF 化される前の駅を使用し、BF 整備の必要性や、高齢者や障害者等に対しての思いやり心を育むために開催された。

参考文献
1) 厚生労働省 HP『「国際生活機能分類―国際障害分類改訂版―」（日本語版）の厚生労働省ホームページ掲載について』2002
2) 静岡県長泉町・社会福祉法人長泉町社会福祉協議会『長泉町地域福祉計画、長泉町社会福祉協議会地域福祉活動計画【概要版】』2012
3) 内閣府 HP『バリアフリー・ユニバーサルデザイン推進要綱～国民一人ひとりが自立しつつ互いに支え合う共生社会の実現を目指して～』2008
4) 国土交通省総合政策局安心生活政策課『バリアフリー基本構想作成に関するガイドブック』2008
5) 横浜市 HP『工事中の歩行者に対するバリアフリー推進ガイドライン』2005
6) 柏原市 HP『交通福祉のまちづくり　このまちに暮らしたい～ In Kashiwara ～』2004
7) 国土交通省中部地方整備局 HP『バリアフリー体験歩道（中部技術事務所）』
8) 国土交通省中部運輸局 HP『バリアフリー教室』

表11・2　バリアフリー教室の実施例（愛知県豊田市）
（出典：国土交通省中部運輸局「バリアフリー教室」）

開催日程	平成21年3月2日
開催場所	豊田市立浄水小学校 名鉄豊田市駅及び駅前ペデストリアンデッキ（整備済み）、名鉄梅坪駅（整備前）
主催	愛知運輸支局
共催	梅坪駅周辺ユニバーサルデザイン基本構想策定委員会
協力	豊田市社会福祉協議会，名古屋鉄道㈱、名鉄バス㈱、NPO ユートピア若宮、NPO 視覚障害者センター杖の里
参加人数	豊田市立浄水小学校3年生81名
参加者の発表内容の一部	・屋外で車いす体験したので、人や物にぶつからないよう介助する人も注意が必要でした ・階段やちょっとした段差で転びそうでしたが、白杖や介助者の誘導や声掛けのおかげで、安心して歩くことが出来ました ・長い階段の上り下りは子供でも大変なので、お年寄りはもっと大変なんだろうなと思いました ・車いすでは、段差があると移動できないので、エレベータが必要だと思いました ・車いすでバスに乗る時、乗降口のスロープが急で一人では乗車できず、介助の人の手助けが必要なことが分かりました ・アイマスクをしていると、お金の種類や、料金を入れる場所、押しボタンの場所など何も分からず友達の介助でやっと買うことができました

12章
災害時に備える
―過去の経験から学ぶ減災への課題―

POINT 大規模な災害で集中的に大きな被害を被るのが高齢者・障害者等の人たちである。阪神・淡路大震災と東日本大震災の時の高齢者・障害者の被災、安否確認、避難、避難生活に関するデータから、震災一般の共通項を考えてみたい。来るべき災害に向けて、高齢者・障害者の立場から対策を強化し、減災に取り組むことも福祉のまちづくりの重要課題と言える。

1 災害と「弱者」

わが国は世界的にも有数の災害が多い国である（図12・1）。1980（昭和55）年以降の大規模災害では、1.5年に1回地震、台風、豪雨、津波、豪雪、噴火等の大規模災害が起こっている計算になる（表12・1）。東日本大震災では原発事故による放射能被害というわが国ではかつて経験したことのない大厄災も生じている。帰宅難民も東日本大震災で生じた厄災である。大規模な厄災としてはその他、過去に戦災、大火、テロ、飢饉等があり多岐にわたっている。これらは広域的で大規模な災害であるが、同時に、火事、浸水等の小規模なものは日常的に起こっており、これらの災害から人びとの生命・財産を守ることは社

表12・1　1980（昭和55）年以降のわが国の大規模災害（出典：内閣府「防災白書」2011）

時期	大規模災害	場所
1980.12-1981.3	雪害	東北、北陸
1982.7.-8.	7、8月豪雨および台風10号	全国（特に長崎、熊本、三重）
1983.5.26	日本海中部地震（M7.7）	秋田、青森
1983.7.20-29	梅雨前線	豪雨山陰以東（特に島根）
1983.10.3	三宅島噴火	三宅島周辺
1983.12.-1984.3.	雪害	東北、北陸（特に新潟、富山）
1984.9.14	長野県西部地震（M6.8）	長野県西部
1986.11.15-12.18	伊豆大島噴火	伊豆大島
1990.11.17-	雲仙岳噴火	長崎県
1993.7.12	北海道南西沖地震（M7.8）	北海道
1993.7.31-8.7	1993年8月豪雨	全国
1995.1.17	阪神・淡路大震災（M7.3）	兵庫県
2000.3.31-2001.6.28	有珠山噴火	北海道
2000.6.25-2005.3.31	三宅島噴火および新島　神津島近海地震	東京都
2004.10.20-21	台風23号	全国
2004.10.23	2004年、新潟県中越地震（M6.8）	新潟県
2005.12.-2006.3	2006年豪雪	北陸地方を中心とする日本海側
2007.7.16	2007年新潟県中越沖地震（M6.8）	新潟県
2008.6.14	2008年岩手・宮城内陸地震（M7.2）	東北（特に宮城、岩手）
2910.12.-2011.3	雪害	北日本～西日本にかけての日本海側
2011.3.11	東日本大震災（Mw9.0）	東日本（特に宮城、岩手、福島）

会の基本的課題となっている。

災害のメカニズムについてある文献は、災害のもととなる「素因」、それが現実に人びとに被害をもたらす「必須要因」、さらに被害を拡大する各種の「拡大要因」の3つの要因からなっているとしている（参考文献1）。災害弱者にとっては必須要因に身体的特徴が反映するとともに、被害をよりいっそう拡大してしまう要因が多々存在することが問題である。

災害は等しく地域の人びとを襲うが、その被害が最も大きいのは、高齢者・障害者・子ども等といったいわゆる「災害弱者」である。近年の高齢化の中で、東日本大震災や阪神・淡路大震災等の災害のすべてで高齢者の被害が突出して目立っている。過去において被災における弱者問題は必ずしも十分取り上げられてこなかったが、阪神・淡路大震災以降、高齢者・障害者等の被災が報道、調査研究されるようになり、大きな社会問題として認識されるようになってきた。高齢者・障害者等の防災・減災に取り組むこと自体「福祉のまちづくり」の重要な課題であるとともに、バリアフリー（以降、BF）をはじめとする平時の「福祉のまちづくり」が大事である。また、災害時の救出・救援、避難生活の支援等大規模災害時におけるボランティアの役割が認識され、その規模が大きくなったのは阪神・淡路大震災以来である。福祉社会における平時のその役割とともに、現代を特徴づけるものとして「ボランティア社会」があげられる。

図12・1　東日本大震災の津波被害

2 阪神・淡路大震災、東日本大震災で見る高齢者・障害者等の被災

1 災害のステージ

高齢者・障害者等のいわゆる災害弱者の被災から避難生活等復旧・復興過程までの諸問題に関する調査研究はまだ蓄積が多くない。ここでは調査研究が報告されている阪神・淡路大震災と東日本大震災を例にして被災状況と対策を考える。

災害は種類により性格が異なる。例えば、東日本大震災の放射能被害や三宅島噴火のように長期間居住地に戻れない災害、大津波のように短時間で高台まで逃げなければならない災害、地震のように火事を伴う災害等さまざまである。このように災害の性格は一律ではなくそれぞれ多様な展開をもつが、被災する人間からみると一般的につぎのようなステージをたどる。

①第一段階：災害発生時の「被災」
②第二段階：災害発生を聞き（知り）安全な避難場所までの「避難」
③第三段階：避難所・自宅・施設等での「避難生活」
④第四段階：復旧・復興過程での「復興生活」

これらのステージごとに、障害の特徴によるハンディがどのように影響するかを理解し、その対策を

> **Column ♣ 減災**
>
> 「減災」という言葉は東日本大震災以後多く使われるようになってきた。堤防をはじめとする「被害ゼロ」の物理的対策が巨大津波の前に崩れてしまった。そこで「現実的」考え方として、想定されないような巨大な災害に対しては、避難行動やまちづくりで被害を減らすことを重視する考え方が出てきた。簡単に言えば、津波の場合、「堤防に頼らず、ただちに近くの高い場所に逃げて被害を減らす」という考え方である。ただし、高齢者・障害者がそうできるためには、誰が何をどうすればよいのかが課題である。

考える必要がある。これらはマニュアル化されると同時に一律でない個別の災害ごとに応用する訓練もしておかねばならない。

2 障害者・高齢者の被災率

宮城県によれば、宮城県沿岸部の大震災による死亡率は、総人口比で0.8％、障害者手帳所持者比で3.5％とされている（参考文献2）。近年自治体や新聞社等でもこの比を推計しているが共通しているのは障害者の死亡率が健常者に比して2～4倍とかなり高くなっている。その原因として、第一に「障害ゆえに」の不利益をあげており、第二に平時の障害者への支援策の遅れをあげている。「死亡者を年齢別に見ると、人口構成割合と比較して、死者の年齢別構成割合は60代を超えると急に高くなり、70代では人口構成割合よりも約2倍から3倍、80代では約2.5倍から3.5倍の高齢者が亡くなっていた（参考文献3）。さらに、人口構成割合の上では、高齢の男性のほうが女性よりも多く亡くなっていた」としている。

3 阪神・淡路大震災・東日本大震災

①高齢者および障害者の被災

1995年1月に発生した阪神・淡路大震災により、阪神間は大災害に見舞われた。これまでつくり上げてきた社会基盤は崩壊し、ライフライン、交通網が寸断された。それまで障害者・高齢者に対してやさしいまちづくりが進められてきていたが、地震によってこれらの福祉基盤もすべて破壊された。震災により、障害者は直後の避難活動、医薬品等物資の遅れ、情報に関する孤立等の交通をはじめとする生活面の困難、および支援活動上の困難等、障害者特有の問題をかかえた。阪神・淡路大震災は、"情報災害"とも言われていたように、被災者の情報伝達・収集不足に関する問題がとりわけ多く困難を増大させた。これらの諸問題はつきつめるとその後の東日本大震災の諸問題と共通すると言える。

②災害発生時

まず地震の発生時の被害は以下によるけが・死亡に大別される。

①家屋の倒壊および閉じ込め
②家具の倒壊・直撃等
③地震直後の火災・爆発等

阪神・淡路大震災で発生した地震は健常者、高齢者・障害者をともに直撃した（図12・2）。正確な統計はないが、家屋内での敏捷な移動が困難な高齢

Column ♣ 横断的な支援団体の設立

「NPO法人ゆめ風基金」や「日本福祉のまちづくり学会」等多数の関連団体が阪神・淡路大震災の障害被災者救援や研究調査の中で設立された。

障害者の被災死傷率はこれまでも高かったはずだ。しかし、過去の関東大震災をはじめとする災害記録でこの問題に関する記録はほとんど見られない。阪神・淡路大震災の報道で取り上げられ、調査研究もおこなわれるようになったが、その背景に障害者の権利拡大、社会参加があるように思われる。「NPO法人ゆめ風基金」は、阪神・淡路大震災の際、被災地の障害者の心意気に後押しされて設立された広範囲な社会基金で、東日本大震災では大きな役割を果たした。「日本福祉のまちづくり学会」も阪神・淡路大震災の障害者調査に取り組んだ研究者たちによって設立され、当事者参加の学会として活動している。東日本大震災ではいち早く移動支援NPOの「Rera」や自立支援、障害者支援の横断的な支援団体が設立さた。これらは過去の災害で見られなかった新しい動きである。

図12・2　阪神・淡路大震災道路状況

者・障害者の被害は大きかった。冷蔵庫等の大型の家具が「空中を飛び」人間に被害をもたらした。直後のガスや火による火災は地震災害の特徴でもある。また、閉じ込めは家屋倒壊災害の特徴である。自力で脱出できなかった人びとを探し出し（安否確認）、機材を用いて救出することになる。現場の混乱や電話回線のパンクにより安否確認が長くとれない問題は阪神・淡路大震災で特にクローズアップされた。東日本大震災でも同様であったが、阪神・淡路大震災と比べて津波による被害のため安否確認はより困難をきわめた。東日本大震災では携帯電話（特にスマートホン）、インターネットの役割が大きくなった。情報社会に取り残された人びとは災害時においてもより大きな困難・不利をかかえる。

③避難時における障害者の移動問題

　図12・2は阪神・淡路大震災における道路の破壊状況である。表12・2に示すように阪神・淡路大震災において、「避難時の道路状況や困難・危険と感じたこと」は、各障害の種類に共通して、倒壊家屋、ガラスの飛散、道路の亀裂等が項目としてあげられており、当時は道路状況がきわめて悪く、障害者にとって歩ける状況になく、避難所等への移動はかなりの困難をもっていたものと思われる。また、肢体不自由者は電車利用、聴覚障害者はバイク・自転車との錯綜が問題視されており、交通面以外では情報面での遅れに困難を感じている。特に、視覚障害者は環境の変化による戸惑い、工事による騒音等が項目としてあげられており、視覚障害者独自の避難時における特徴として現れている。道路路面の破壊、特に敷き詰めた「ブロック舗装」はばらばらに崩れたが、これら舗装破壊は車いす使用者、視覚障害者の避難

表12・2　避難時の道路状況と避難時の交通困難箇所（阪神・淡路大震災）

道路状況	肢体不自由者	車いす使用者の電車利用は介助者一人では困難
	視覚障害者	勝手の違い、足の感じ方の違い、陥没等で盲導犬も使えなく歩くのが不安
	聴覚障害者	バイク、自転車が多く危険
	共通	路面（凹凸、亀裂、地盤沈下）、塀、倒壊家屋、ガラスの飛散、液状化による段差、渋滞
避難時に困難・危険と感じた所	肢体不自由者	ガスの臭い。自動車が多かったため、逃げづらかった
	視覚障害者	歩道上の車の乗り入れ等の道路の閉塞、重機等のエンジン音、車道に仮歩道がある時、盲導犬を連れて歩いている時の犬のけが、環境の変化
	聴覚障害者	情報の不足、給水の告知、広報車アナウンス
	共通	家屋、瓦礫、家具等の倒壊、道路（障害物［駅の自転車］、凹凸、電線）

表12・3　東日本大震災における避難経路における道路調査項目チェックリスト（出典：㈶国土技術研究センター報告書）

項目	チェックリスト
道路の概況	□道路の幅員
	□歩道の有無
	□歩道の形状（道路と歩道の仕切り）
	□歩道の幅員
	□障害物（幅員をせばめるもの）
	□視覚障害者誘導用ブロックの設置
道路そのもの	□路面の陥没や路面の凹凸など、歩きにくいなど危険である（な箇所がある）
	□段差が多くて足元が不安
	□坂が急、勾配が急
	□道（又は歩道）が狭く、歩きにくかったり危険である（な箇所がある）
	□道（又は歩道）が狭く、並んで支援しながら歩行ができない
車による危険	□自動車が多く通行が危険
	□自動車が多く交差点が危険
	□交差点の信号の有無
道沿からの危険	□倒れそうな家屋、倉庫
	□倒れそうなブロック塀、自販機、電柱
	□落ちてきそうな瓦、看板、ガラス
災害に関連	□土砂くずれの危険
	□道路の崩壊の恐れ
	□路面の陥没や液状化が心配な箇所がある
	□非常事態では道路か用水路かの識別が不能になりかねない
	□津波が遡上しそうな河川などが近くにある
サイン（避難する方向を示すもの）	□サインの有無
	□サインのわかりやすさ
	□サインの記載（表示）内容
明るさの確保	□夜間の明るさの確保
	□停電時の明るさの確保
	□夜間のサインのわかりやすさ

(東日本大震災)
スタッフ報告から
大震災が発生して1週間、日々刻々と変わる状況。混乱の中から、AJUのスタッフが報告したのは以下の内容であった。
・避難状況の把握が困難。行政、避難所担当者でも把握できていない。
情報収集の困難さ、特に普段関わりがない者には障害者の情報が得られにくい
・物資配布の不均衡。避難所内のみ、配布時にいた人にのみ配布され、避難所以外の被災者はものが余っていても断られていた。必要な人に必要な時に必要な量が届かない。活用できそうな物資が積まれていたが、その用途が物資担当の力量不足から理解されず配布されていない。AJUからは必要と思われる物資を届けたが、場所によって必要なものが異なった
・障害のある人にとって避難所での生活は極めて困難。体育館、校舎に入るには階段。体育館外に簡易トイレを設置しているが、車いすでは利用不可。校内に車いす対応トイレはあっても階段のため利用不可。抱えてトイレまで移動していた。移動介助が必要だが介助者がいない。仮設トイレはグランドの反対側にある。工事現場用のトイレなので、足腰の弱った高齢者は利用できない
・介助者の確保が困難。現地の団体では、スタッフも被災者。同じスタッフがほぼ毎日不休で支援にあたっていた。女性利用者の介助スタッフがおらず、単発の"外人部隊"では補えない。継続しての支援が困難との判断で障害当事者は両親の元へ帰ることに

図12・3　災害時の体験をつづった支援スタッフの記録
(出典：AJU自立の家 HP pdf「災害時要援護者支援プロジェクト障がい者は避難所に避難できない・災害支援のあり方を根本から見直す」)

1995年の阪神淡路大震災の際は、
・視覚障害者：避難所の学校内で移動できない／環境の激変により道や施設が認識できない／電車・バスが利用できない／TV情報がわからず様子が把握できない／針灸の仕事がなくなり生活できない／ヘルパーさんと連絡が取れない、等
・聴覚障害者：避難所で音声が聞こえず意味がわからない／市役所の車からのスピーカーによる広報内容がわからない（給水情報がわからないままに生活していた）／手話ニュースが放送中止になり報道内容がわからない／避難所にFAXがない／手話通訳を利用する環境がなくなった
・肢体不自由者：車いすを失う／倒壊物や路面破壊により車いすが使えない／避難所の学校に障害者用トイレがない／避難所の小学校は1階しか使えない／避難所で人の間をまたぐような移動ができない／ヘルパー・ボランティアさんと連絡が取れない／電車・バスが使えない／家屋内に閉じ込められた（5日間飲まず食わずの報道もある）／マンションのドアが開かず車いすで脱出できない、等
・内部障害者・病人：通院できない／人工透析が受けられない／薬が手に入らない／体温計・血圧計がなく体調が把握できない／オストメイト対応の設備がない、等
・その他：おびえ・不安・不眠などの精神的失調／近所・友人がばらばらに仮設に移ったための孤独感、等

図12・4　阪神・淡路大震災における避難所・避難生活における障害者の主な困難

を決定的に困難なものにした。全国的に景観を重視したブロック舗装が使われなくなったのは阪神・淡路大震災以降である。アスファルト舗装・コンクリート舗装の破壊もかなり見られ、技術的改善課題になっている。表12・3は東日本大震災を考慮して作成された避難経路における道路調査項目チェックリストである。防災チェックに利用したい。

4 避難生活・避難所・仮設住宅・復興住宅

避難した場所が避難所、自宅、福祉施設によってその後の避難生活環境はかなり異なってくる。高齢者・障害者にとって自宅、福祉施設での避難生活はサービスさえ受けられれば基本的に望ましいものである。困難をきわめたのは避難所である。

図12・3は「AJU自立の家」がまとめた東日本大震災支援レポートである。通常の避難所は障害者や体力の落ちた高齢者が生活できる場ではないことがよくわかる。

図12・4は阪神・淡路大震災の時の避難所に関する調査・報道から特徴的な問題をまとめたものであり、東日本大震災における図12・3とも共通している。このように障害者等に厳しい避難所であることは阪神・淡路大震災で明らかになったにもかかわらず、その後の災害で経験が活かされたとは言いがたい。課題として明らかになったのは以下である。

①通常の避難所で障害者が生活するのは困難である。
②しかしながら、軽度の障害者を含むすべての被災者に対応するために平時から避難所となる学校を含む公的施設は、エレベーター、点字ブロック、多機能トイレ、テレビ・ラジオ等を備えるべきである：学校や公共施設のBFは一般的にも当然の事項であるが、阪神・淡路大震災以降、全国的に災害時も意識して整備され、各地の福祉のまちづくり条例にも盛り込まれるようになってきた。しかし整備はまだ途上である。

③一方、阪神・淡路大震災の教訓として、高齢者・障害者に特化した二次避難所（福祉避難所）を設ける：これは97年の災害救助法に位置づけられた。BF要件や介護福祉士や看護師等のスタッフ要件が必要となる。2007年能登半島地震ではじめて開設され、現在全国的に設置や指針が検討されている段階である。国の「災害時要援護者の避難支援ガイドライン（2005年作成 2006年改訂）」が策定されている。東日本大震災の調査から福祉的・医療的観点で見た避難生活におけるニーズを岩手県社協が表12・4のようにまとめた。これらの多くは福祉避難所だけでなく、一般の一時避難所においても該当するものが多い。

④仮設住宅・復興住宅を福祉対応にする：阪神・淡路大震災の初期のころの仮設住宅は基本的に雨露をしのぐ「仮設」であり、もとのコミュニティは尊重されていなかったため、かなり問題が出ていた。この反省から以後、仮設住宅、復興住宅においては、BFの設備要件に加えて、高齢者・障害者が暮らしやすく、コミュニティが保たれ、交通アクセスが確保され、買物等の条件が確保され、環境にもやさしい等といった新しい工夫が生まれてきている（図12・5〜12・7）。東日本大震災被災各市でこのような仮設住宅が十分普及しているとは言いがたいがこれからの新しい流れとなってきている。

図12・8は東日本大震災の障害者避難生活支援の

表12・4 避難生活におけるニーズ（出典：岩手県社協調査別表2）

項目	No.	内容	項目	No.	内容
住環境	1	情緒安定が必要な方のためのスペース	専門職	25	医師
	2	体温調整が必要な方への設備		26	看護師
	3	家族（主たる介護者）も一緒に避難できること		27	身体介護
	4	障がいの種類でわかれていること		28	手話通訳
排泄	5	バリアフリートイレ		29	知的・自閉・発達障がい等
	6	オストメイトが使えるトイレ		30	こころのケア
	7	尿器		31	生活相談・コーディネーター
	8	ポータブルトイレ		32	リハビリ
入浴設備	9	バリアフリー浴室	食事	33	きざみ食
	10	リフト		34	ペースト食
	11	個別浴槽		35	とろみ調整
医療	12	在宅人工呼吸器療法に必要なもの		36	経管栄養食
	13	在宅酸素療法に必要なもの	コミュニケーションツール	37	点字板
	14	在宅人工腹膜透析療法に必要なもの		38	音声時計
	15	気管切開やたん吸引に必要なもの		39	筆談用具
	16	てんかん薬・インスリン・抗痙攣剤など継続して服用が必要な薬		40	文字放送専用テレビ
				41	ボイスレコーダー
生活器具	17	褥瘡対策ができるもの		42	ファックス
	18	座位保持装置		43	パソコンインターネット
	19	ベッド		44	電光掲示板
装具類	20	補聴器や専用電池	その他	45	自宅等に避難せざるを得ない場合の物資搬入
	21	ストマや専用キット		46	移送支援
	22	車イス		47	その他（　　　　）
	23	歩行器			
	24	杖			

図12・5　山古志復興住宅　地域の伝統的生活を重視した復興住宅

図12・6　コミュニティケア型仮設住宅地（釜石市など）
（提供：鎌田実）

図12・7　バリアフリー化された被災地仮設住宅
（提供：鎌田実）

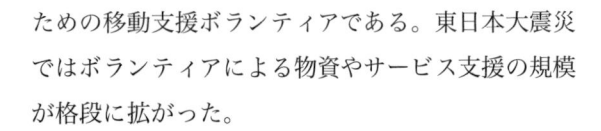

図12・8　東日本大震災被災地移動支援　（提供：移動送迎支援活動情報センター）

ための移動支援ボランティアである。東日本大震災ではボランティアによる物資やサービス支援の規模が格段に拡がった。

5　障害者の外出日数（社会活動）の変化（阪神・淡路大震災）

避難生活・復興生活では住宅問題とともにまちの復興問題がある。

阪神・淡路大震災における被験者の月当たりの外出日数を障害種別ごとに平均し、震災前と震災後の推移を比較した（図12・9）。それぞれの障害において震災前は1ヶ月あたり15〜18日以上の外出頻度があった。ところが震災直後は3〜9日と著しく外出日数が低下している。聴覚障害者は2月には震災前の外出頻度に戻っている。また、重度肢体不自由者は震災後の1月中の外出が低く、聴覚障害者と比較するとスピードは遅いものの、震災後の4月では平均外出日数が震災前のそれに戻りつつある。一方、視覚障害者は4月の時点においても通常時の外出日数よりも著しく低下しており、震災から8ヶ月経過しても震災前の状況には戻っていない。

さらに、各交通手段による外出環境の変化を整理したものを表12・5に示す。鉄道・バスでは利用客や渋滞等の混雑、運行上の問題、駅周辺の障害物が共通の問題としてあげられている。また、自動車利用、自転車・徒歩においては、路面の状態の悪さがそれぞれ共通の項目としてあげられている。特に、視覚障害者は駅の構造の変化、案内の不足、無灯火での

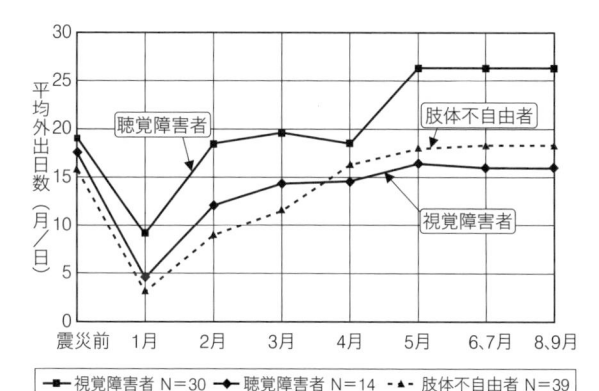

図12・9　阪神・淡路大震災（1995.1.17）被災後の障害者の月別外出回数の変化（出典：三星昭宏・北川博巳ほか「阪神・淡路大震災土木計画学調査研究論文集」土木学会土木計画学研究委員会、1997）

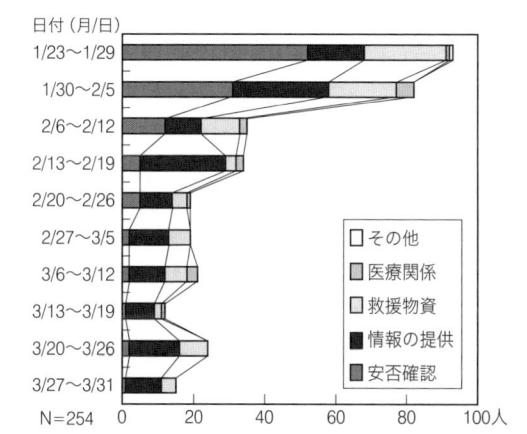

図12・10　阪神・淡路大震災後の聴覚障害者の支援要望

表12・5　阪神・淡路大震災後の外出環境の変化

鉄道	視覚障害者	駅の構造が変わり移動が困難
	共通	混雑による問題 不通による問題 駅前の自転車などの障害物の問題 破損個所がもとのように利用できない
バス	視覚障害者	行き先が分からない 正しい停車位置に停まらない
	共通	渋滞により時間がよめない 待ち時間が長い 鉄道の不通区間が混み合い利用不能 通常利用している路線の運転中止 社内放送などの案内が不十分
タクシー	共通	道路渋滞 乗車拒否が増加した 規制により幹線道路が利用できない 数が少ない
自家用車	共通	通行止め、交通規制、道路渋滞で時間がかかる 交通規制の免除の通交証が欲しい 路面状態が悪い 仮設住宅に駐車場が少ない
自転車	視覚障害者	無灯火での走行が多く、衝突・接触の危険
	共通	引越し等で地理感が無いので利用していない 路面状態が悪く危険である
徒歩・車いす	視覚障害者	解体のトラック等の騒音 歩車道の区別が無かった
	共通	路面状態が悪い（凹凸、段差、がれき散乱） 建物の倒壊の危険性 ほこりや雑音 乱雑に停めている自転車や自動車

注）共通は肢体不自由者・視覚・聴覚障害者共通の問題点を指す

自転車、騒音等が問題であると指摘しており、これらの項目が視覚障害者にとってはかなり外出を妨げていた要因であると言える。このように阪神・淡路大震災では環境が大幅に変わり、平時には想像しにくい特殊な問題も起こっている。特に、代替バスは車いすが乗れない、視覚障害者にとって一旦変わった環境は容易に認識されず復興と呼べる状態にはなかなかならないことがわかる。しかし、その中でも順次復興する駅等は、もともとBF化されていた場合には順調に障害者環境も回復していった。これらをまとめると、平時のBFがあくまで基本である。

6　聴覚障害者団体FAX記録に見る救援活動の記録（阪神・淡路大震災）

1995年1月17日の震災後まもなく、全日本ろうあ連盟は被災聴覚障害者を支援するため、全日本ろうあ連盟内に全国救援対策本部を設立し、震災発生4日後には、被災地の支援をおこなう兵庫県救援対策本部を神戸市内に設置した。さらに、1月23日には、日常時から聴覚障害者を支えている団体のスタッフやボランティアにより被災聴覚障害者に対し、支援活動をおこなうことが決められた。

被災聴覚障害者からの要望は、図12・10に示すように、「安否確認」に関しての要望で、震災直後の1月23日〜29日の期間で53件と多かった。その後、

1月30日～2月5日の期間では34件、2月6日～12日の期間では15件と時間の経過とともに減少している。

つぎに、「救援物資」に関する要望件数も安否確認要望と同様に、1月23日～29日の期間において21件、その後1月30日～2月5日の期間では18件、2月6日～12日の期間では9件と時間の経過とともに減少しているが、救援物資要望については、安否確認要望の減少スピードよりはゆるやかである。また、「情報提供」の要望は、震災初期の1月から件数が常に10～20件とほぼ一定となっている。

このことより被災聴覚障害者からの要望が、震災直後は友人・知人の人命を把握するための安否確認についての要望、それと同時またはその後に、被災生活を充実させるための救援物資についての要望に変化し、それから震災前の生活を取り戻すための情報提供へと時間の経過とともに変化している。

情報要望の内容を図12・11に示す。震災直後の1月中は、避難所生活から仮設住宅等のプライバシーが守れる住居を探すために必要な罹災証明書、住宅関係の要望の割合が高くなっており、その後実際にその住居の手続き等をおこなう際、対人とのコミュニケーションを図る時に必要な手話通訳者派遣の割合が高くなっていることがわかる。

7 視覚障害者に見る救援活動の記録(阪神・淡路大震災)

震災直後に設立されたボランティア団体であるHABIE(ハビー:阪神・淡路大震災・視覚障害被災者支援対策本部)の協力を得て、被災視覚障害者を支援してきたボランティアを対象とし、1997年2、3月にアンケート調査をおこなった。支援活動内容の状況を図12・12に示す。1月は75人、2月上旬は70人と2ヶ月間に支援活動をおこなっていた人が多く、2月下旬では35人、3月上旬は28人と、減少している。支援活動の内容については、被災視覚障害者の生存、避難先の居場所を確認するための「安否確認」活動の参加者が、震災直後の1月において最も多く、日数の経過とともに、減少している。被災者の人命、居場所を把握することは共通して重要であり、初期活動として最も必要な活動である。また、「救援物資仕分け・配布」の支援活動について、1月は17人、2月上旬は18人、2月下旬は15人、3月上旬は10人と定期的な人数が活動している。「情報提供」活動においては、1月は9人、2月上旬は9人、2月下旬は2人、3月上旬は3人、3月下旬は4人とこの支援活動に従事していた人も時間の経過とともに減少している。

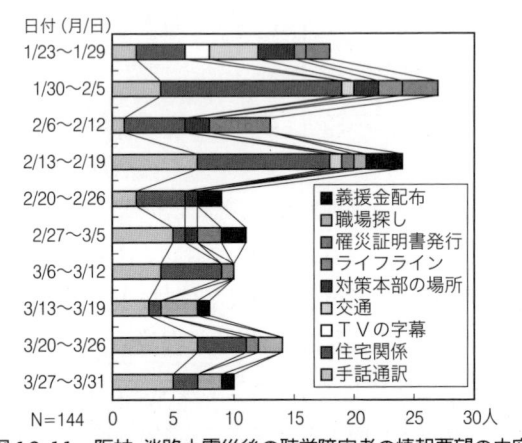

図12・11 阪神・淡路大震災後の聴覚障害者の情報要望の内容

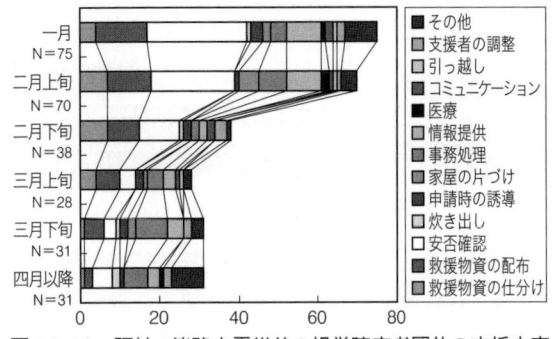

図12・12 阪神・淡路大震災後の視覚障害者団体の支援内容

8 阪神・淡路大震災被災のまとめ

結果として、被災障害者による交通調査結果では、避難時には迂回を余儀なくされ、迅速な避難活動が

表12・6　高齢者・障害者等の配慮事項チェックリスト（案）（東日本大震災）（出典：「災害時・緊急時に対応した避難経路等のバリアフリー化と情報提供のあり方に関する調査研究報告書」国土交通省総合政策局安心生活政策課、2013）

場面			高齢者、障害者等の避難に関する課題	チェックリスト
平常時における備え			避難する場所等に関する情報の利用が困難	◇避難先（福祉避難所含む）に関する情報や各種ハザードマップなどの情報が届くようになっていますか
				◇避難先に段差がないか、多機能トイレがあるかなどの情報がありますか
			支援力と受援力の向上	◇コミュニケーションを図る手段がありますか
発災時又は発災のおそれが生じた時			災害の状況等に関する情報の利用が困難	◇災害の状況を迅速に伝えるために、視覚、聴覚、触覚などの様々な感覚を活用した情報提供（文字、音声、点字、記号、筆談、手話、録音、光、振動等）がありますか
			垂直移動施設が使用できず危険な場所から脱出することが困難	◇エレベーターが使用できなくなった時に、階段を昇降できない方への対策がありますか
避難する経路	共通		平常時から移動が困難（階段がある・不必要な段差がある）	◇避難する経路はバリアフリー化されていますか
				◇避難する経路は、危険が少ないですか。また、短縮化するなどの工夫ができますか
			避難する場所の方向がわからない	◇避難する経路上にわかりやすく見やすい案内表示はありますか
				◇案内表示は夜間でもわかりやすくなっていますか
			明るさが得られず周囲や路面の状況が確認できないことで移動が困難	◇避難する経路が停電時に暗くならないよう、工夫されていますか
	津波避難の場合		歩行速度が遅いため、津波到達までの短時間避難が困難	◇津波到達までの短時間避難が困難な場合、高台や住宅等の高層階への居住の促進を行っていますか
				◇津波到達までの短時間避難が困難な方に対して、近くに避難できる場所や避難ルートを確保していますか
				◇歩行速度が遅い人がいても安全に避難できるよう、避難する経路に十分な幅がありますか
				◇車で避難する場合に備えて、駐車可能なスペースがありますか
			避難途中の急勾配や階段を昇ることが困難（高台）	◇高台へ避難する経路等が急勾配や階段である場合、安全に昇るための工夫がありますか
			避難途中の急勾配や階段を昇ることが困難（津波避難ビル・タワー）	◇津波避難ビルや津波避難タワーの階段を昇ることが困難な高齢者や障害者等に対する工夫がありますか
	地震に伴う火災延焼避難の場合		不陸、陥没、亀裂等による路面の段差によって移動が困難	◇避難する経路について、揺れによって不陸、陥没、亀裂等や段差の生じやすいインターロッキング舗装を避けるなど、段差を生じさせない舗装の工夫がありますか
			道路上の障害物によって移動が困難	◇避難する経路について、沿道の看板や植木鉢など、通行の妨げとなる障害物が経路上に散乱しないような沿道の対策がありますか
避難する場所			長距離の歩行が困難で、遠方の避難する場所への到達が困難	◇長距離の歩行が困難で、遠方の避難する場所への到達が困難な場合、身近な施設を避難場所に指定するなどの工夫がありますか
			避難する場所に入ることが困難、また、入った後に移動が困難	◇施設の出入り口等の段差の解消をはじめとする、避難所のバリアフリー化がされていますか
			避難する場所が過ごしにくい	◇大空間に大勢の人がいることで、過ごしにくさを感じる高齢者や障害者等への配慮がありますか
			トイレが使えないという切実な問題	◇多機能トイレがありますか ◇災害用トイレは準備されていますか
			他の避難者が入手できている情報を入手できない、入手しにくい	◇避難者に必要な情報を伝えるために、視覚、聴覚、触覚などの様々な感覚を活用した情報提供（文字、音声、点字、記号、筆談、手話、録音、光、振動等）がありますか
			移動や情報の利用に必要な電源等が確保できない	◇移動や情報の利用に必要な電源等がありますか

できなかった。また、障害者の外出に影響を及ぼしている項目に関しては、視覚障害者にとってはこれまでの外出環境の変化、工事等による騒音による危険を感じたことによって、外出が妨げられている傾向にあった。震災後の外出の変化では、肢体不自由者・視覚障害者は震災前の外出日数に戻るのに時間がかかった。なかでも、視覚障害者は環境の変化が特に影響し、外出を控える傾向にあった。また、避難をした人は障害に関係なく外出の変化が類似している傾向にあった。

ついで、聴覚障害者のFAX記録によると、支援組織の結成は震災直後になされ、安否確認や救援物資の要望を受け、迅速な行動がとられていた。しかしながら、通常の情報入手手段としていたFAXが直後に使用できず、特に情報面に関するケアはかなり必要であることがわかった。

さらに、視覚障害者の支援に関しては、聴覚障害者と同様に震災直後は安否確認が支援内容の第一内容であった。それから日数の経過とともに支援件数は減少しているが、事務的処理や情報提供に関する事項はニーズの高いものであった。緊急災害時における交通上の問題や障害者支援においては、平時からの活動が特に必要であることがわかる。今後移動制限のないような交通施設を整備していくだけでなく、平時からのボランティア活動・訓練の重要性も今回指摘されている。今後はハード面だけの整備にとらわれず、これらソフトな面をも考慮したような福祉のまちづくりの構築について考慮していく必要があると思われる。

9 東日本大震災をふまえた高齢者・障害者等の配慮事項チェックリスト

高齢者・障害者の被災から避難生活に関する調査として、一般財団法人国土技術研究センターの交通弱者調査がある。ここではその調査結果をふまえて、高齢者・障害者の配慮事項のチェックリストをまとめている（表12・6）。ステージを、①平常時の備え、②発災時または発災のおそれが生じた時、③避難する経路、④避難する場所に分けて、課題と具体的なチェックリストを作成しており、今後の災害対策に役立つものと思われる。

障害者の被災の特徴は、阪神・淡路大震災と東日本大震災でひじょうに共通していることが興味深い。もちろん東日本大震災は津波被災という阪神・淡路大震災にはなかった問題があり、それが原発被災と並んで東日本大震災を特徴づけているが、災害に共通する情報収集問題、逃げられなかったこと、避難生活の不便等は今後予想される災害における減災対策を考える上でたいへん参考になる。

参考文献
1) 佐藤武夫・奥田譲・高橋裕『災害論』頸草書房、1979
2) 藤井克徳『東日本大震災と被災障害者 ～高い死亡率の背景に何が～ JDFによる支援活動の中間まとめと提言』（未定稿）、2012
3) 立木茂雄「HATコラム、高齢者、障害者と東日本大震災」（http://www.hemri21.jp/columns/columns038.html）
4) 三星昭宏・北川博巳ほか「阪神大震災発生後の障害者の交通問題について」『阪神・淡路大震災土木計画学調査研究論文集』土木学会土木計画学研究委員会、1997
5) 三星昭宏・新田保次・土居聡・北川博巳・飯田克弘・杉山公一「阪神大震災における障害者の避難行動調査と今後の課題」『土木学会関西支部 阪神・淡路大震災高齢者・障害者の実態と今後のまちづくり課題資料集』pp. 2 - 12、1995
6) 東京都身体障害者団体連合会『東日本大震災における障害者の行動等に関する調査報告書』（東京都委託事業）
7) 東日本大震災 障害者の支援に関する報告書』日本障害フォーラム（JDF）、2012 (HP: http://www.dinf.ne.jp/doc/japanese/resource/bf/jdf_201203/index.html)
8) 柿久保浩次「東日本大震災下での移動送迎支援活動から生活支援としての移動送迎サービスを考える」『交通科学』Vol.43、No.1、交通科学研究会、2012
9) 「特集Ⅰ東日本大震災復興調査報告その4」『福祉のまちづくり研究』Vol.14、No.1、日本福祉のまちづくり学会、2014
10) 沼尻恵子・朝日向猛・岡正彦「災害時・緊急時に対応した避難経路等に関する考察」『福祉のまちづくり研究』Vol.14、No.1、日本福祉のまちづくり学会、2014
11) 社会福祉法人AJU自立の家「災害時要援護者支援プロジェクト 障害者は避難所に避難できない―災害支援のあり方を根本から見直す」(http://www.aju-cil.com/public-doc/bousai/manual/rep_201104.pdf)
12) 鈴木圭一・朝日向猛・沼尻恵子「災害時・緊急時に対応した避難経路・避難場所のバリアフリー化に関する研究」『JICE REPORT』Vol.24、2012

執筆者座談会

"ユニバーサルデザインの課題は、現代日本の基本課題そのもの"

髙橋儀平・三星昭宏・磯部友彦

◆福祉のまちづくり黎明期──研究と実践のきっかけ

髙橋 | 皆さんが福祉のまちづくりの研究や実践に関わるようになったきっかけは何ですか

三星 | 昭和50年代に障害者の方々とのお付き合いから学んだことが契機になりました。振り返ると、交通工学、交通計画では対象となる人間をいつも平均値で扱っていたんです。これが本当に人間を扱う学問だろうかと。また、人生の後半で体験した阪神・淡路大震災も大きかったです。

磯部 | 私は父が障害者ですから、子どもの頃から障害者運動や、教育差別、職業差別の事情をよく聞いていました。そのことが自分の研究につながるとはまったく思っていませんでしたが、その影響は大きいでしょう。実践では2000年から中部国際空港(セントレア)のプロジェクトに関わったこと、それと併行して2000年交通バリアフリー法の基本構想策定作業で5年ほど集中した議論をしたことは実り多かったです。

髙橋 | 私は1974年に埼玉県川口市で障害者のケア付き住宅づくりに関わりました。脳性まひ者のグループが市長に住宅建設を要望していて、自分たちの要求を図面に描いてくれる人を探していたんです。直感的にその障害者運動に加わりました。そのことがきっかけで、1976年には首都圏の「障害者世帯向け特定目的公営住宅」の全戸調査をしましたが、実は、そこで現在日本を代表する障害者運動のリーダーたちと出会っていたんです。

◆「優勢思想」や「最大多数の最大幸福」への反発

三星 | その頃はもう「ハンディキャップ小委員会」(日本建築学会内に設置されたわが国初のバリアフリー関係学術委員会)はありましたか?

髙橋 | 小委員会は1977年にスタートしています。私は障害者運動からこの世界に入ったものですから、建築学会に行くと私だけが異端児、周囲は研究者の中の研究者という感じです。行政の仕事に関わるようになったのは、ずっと後で、ハートビル法ができる時に建築設計標準の作業に関わりました。

三星 | 1980年代はじめに北海道大学の故五十嵐日出夫先生が土木計画学研究委員会に高齢者分科会を発足させました。その頃の学会では「生物は競争の中で強い者が生き残るので、過度に「弱者」を救済するのは法則逆行である」という意見があったのですが、それに対して、私は多様な個体が助け合い共存する集団が強靭であるとの見解で反論した記憶があります。秋田大学の故清水浩志郎先生が、バリアフリー研究者は立脚点を「ヒューマニズム」に置くだけでなく、それを「社会システム論」として発展させねばならないと力説されていたことも印象深いです。

磯部 | 障害者運動の中でも「優生思想」(生まれてきてほしくない人間の生命は人工的に生まれないようにしてもかまわないという考え方)についての反論がなされています。優生思想が出てきた社会背景は「最大多数の最大幸福」でしょう。特に税金を使って社会システムをつくるから多数のほうが大事だという当時の土木の発想があったと思います。

髙橋｜それは建築のほうでもまったく同じです。ただ、建築の研究者、専門家が幸いだったのは、日本の建築界をリードしていた東京大学の吉武泰水先生がこの問題に関心をもっていたことですね。建築では、誰でも大きな建物を設計したい。そうすると、街の中で生きていく障害者と必ずぶつかります。吉武先生も学校や図書館、病院等を手がけていますが、福祉環境は建築の世界では本流ではなかった。そうした建築の動きを批判的に見て「障害者たちの生きる場」をどうつくるかを考え、移動手段や公営住宅が必要だと主張したんです。

この先生の影響で建築研究者の関心が一気に拡がりました。ただし、彼らも研究者の中ではマイノリティだったのですが、流れが変わったのは、1986年に政府が高齢化対策を打ち出してからです。

今日では、恐らく建築学科のある大学で、高齢者の住宅、バリアフリーやユニバーサルデザインを教えないところはないでしょう。しかし、どちらかといえば机上の講義になっているのではないでしょうか。例えば、建築物における勾配問題、12分の1で昇降できる人たちがどのくらいいるのか、どういう検証をされたのかを学生に伝えられないと、バリアフリーは教えられません。そういう意味ではまだまだ途上にあると言わざるをえません。

◆当事者による意見調整の難しさ

髙橋｜2000年前後から障害者問題もいろいろな分野とつながりが出てきたように思いますが、障害者側の意識はどのように変化してきたと思われますか。中部国際空港プロジェクト（セントレア）での体験から何かありませんか

磯部｜セントレアでは主体となる「中部国際空港株式会社」が、多様な障害者の参加によるユニバーサル研究会を設置しました。多様な障害をもつ人たちを集めて議論する場というのは、つまり一種の利害調整の場でもあります。それを当事者自身がおこなったことに大きな意味がありました。以来、各団体が集まって議論することは今の愛知県では主流となりました。

髙橋｜確か関西では、障害者個々人が自ら発言するグループへと変化する過程がありましたよね。

三星｜関西では障害当事者団体が1970年代に「そよ風のように街に出よう」を合い言葉に障害者が自立して社会参加する運動が始まりました。その後のバリアフリー化、福祉のまちづくり条例制定は当事者自らの運動によって展開されたものです。今では障害者がバリアフリー政策、施設の計画・設計・評価に関する具体的な提言をするまでになっています。1990年代後半の神戸港の中突堤中央ターミナルや阪急伊丹駅整備は障害者が計画の当初から参加するという画期的な例となりましたが、この流れは全国に波及し、中部国際空港セントレア、札幌新千歳空港ターミナル、羽田空港国際線ターミナル整備における当事者参加につながりました。

磯部｜当事者参加の必要性について、例えば、エレベータのボタンの設置にまつわる利害調整事例があります。当初、ボタンの設置は1ヶ所とし、その位置をどこにすべきか議論しました。視覚障害者からは手を出してすぐのところしか探せないので扉のすぐ横にと、車いす使用者からは床上1mの位置を希望する意見が出て、結局、ボタンはその2ヶ所に設置しました。当事者間の議論から必要性が相互理解でき、調整できた例です

三星｜意見調整の例としては、横断歩道と歩道の境界段差の問題があります。車いす使用者にとっては段差はないほうがよい、視覚障害者にとっては段差は明確にあるほうがよい。この問題の現状は両者にとってまだ不満の残るところであり、技術の工夫も含めて今も検討課題です。

髙橋｜団体間の意見調整は、なかなかうまくはいきませんよね。1990年にアメリカでADA（Americans with Disabilities Act）法ができた時、そのリーダーは

聴覚障害者でした。多様な障害者が存在する中で、最初は、なぜアメリカではこのように障害者がまとまったのかと不思議に思いました。反差別、障害者の権利獲得を明確に意思表示したんですね。そういう背景がありますから、日本でも2013年6月に成立した障害者差別解消法の要求過程でさまざまな障害者団体が一つにまとまった意義は大きい。

◆行政の抱える壁——意識と実状

髙橋｜セントレアの成果を行政はどんな風に見ているのでしょうね。

磯部｜当事者参加のことがどれほど認識されているのかはわかりませんね。完成した空港施設だけでなくプロセスに注目してほしいのですが。

　セントレアのプロジェクトは約5年の間でPDCAの管理サイクルがしっかりと回ったことがよかったのです。一方、行政は単年度単位で動くため、長期的なタイムスパンでの考え方をなかなかもてない状況です。

髙橋｜考えてみると、一般的な都市開発事業でも、単年度で事業完了は不可能です。基本構想で当事者を入れてワークショップをすると書いても、翌年になるともう予算がつかない（苦笑）。

磯部｜予算といえば、セントレアのユニバーサルデザイン研究会の運営資金は、実は設計費の一部という名目でした。計画段階のワークショップという名目ではお金が出にくいと感じています。本当は計画段階からワークショップの費用が必要ですね。

三星｜まして、参加型なんて考え方は最初から予算が必要だという発想がありませんからね。これは国や都道府県・市町村行政で仕組み化してほしいところですね。

　いわゆる役所の仕事評価は、「箱モノをいくつつくったか」「法律をいくつつくったか」で測られていますが、「ハードではなくソフトをいくつつくったか」で評価される時代になっていくべきです。

髙橋｜私が関わっている東京のある区で福祉のまちづくりに熱心な人物が何人かいます。しかしその人がどう評価されているのか…。やはり人を評価してもらいたい。

◆海外事情——アジア諸国には勢いがある

髙橋｜海外に目を移すと、世界の先端をいっている都市はどこですか？

三星｜公共交通のバリアフリー牽引国は北欧、英国、フランス等の欧州と北米のカナダ、アメリカの大都市です。ただしアメリカは極度のモータリゼーション国家であり、移動手段が基本的に車という大きな問題があります。　日本では、公共交通と自動車交通に対する態度において欧州諸国と30年くらいは差がある印象です。それがバリアフリー化の遅れの原因にもなっていた。ハードのバリアフリー整備では、2000年以降ようやく欧米に追いついた状態です。公共交通を重視することでは、わが国はようやく2013年に「交通政策基本法」を成立させました。

髙橋｜アジアではどこを評価されていますか？

磯部｜香港。ソウル。シンガポールの地下鉄はやや古いのですが、1987年の開業当初からホームドア設置等のよいシステムを入れています。交通システムをうまく使い、バリアフリーもうまくいっており、快適な街になっているところが多いです。

髙橋｜香港やシンガポールが先行し、ソウルや北京や上海が後から追いかけている印象ですよね。中国では北京オリンピックもあって、トップダウンでまちづくりをしましたから、場所によっては日本の水準に近づいたと言えます。ソウルの地下鉄のサインも完璧に仕上がっている。ただ、日本の足並みを揃えたバリアフリーのまちづくりに比べるとまだ格差は大きい。

三星｜それでも香港、台湾、韓国の勢いはすごいですよ。とりわけ高齢者・障害者モビリティーを確保する交通対策は日本を追い越している面もあります。

もはや日本は「教える立場」だけでなく「学ぶ立場」も必要であり、もっと交流すべきです。さらにベトナム、カンボジア等も取り組みだしています。

◆若手への期待

髙橋｜最後に若い学生たちに、この福祉のまちづくりやユニバーサルデザインにどういうことを感じて勉強してもらいたいか、そのあたりをお話し頂きたいと思います。

三星｜まちづくりとは、道路・住宅・鉄道などをつくるだけでなく、そこで生活するすべての人びとが安全で快適に過ごせるための「仕掛け」をつくることだと思います。まちづくりにおいて我々が扱うのは人間であって、自然を扱うという理系的固定観念はすてるべきでしょう。まさに文理融合がこの分野です。

磯部｜まず、「違いに気づく」ことが大事。次に、隣の人と自分は違うけれど、一緒に生活しているのだということをわかって欲しい。そのことを意識しながら勉強し、街の形や、バリアフリーの基準が今のままでよいのだろうかということに考えを巡らせて欲しい。

髙橋｜小学校の総合学習でユニバーサルデザインの話をしたことがあります。小学生は元気がよくて質問もいっぱい出る。それに比べて大学生は元気がない。子どもたちがなぜ元気かというと、障害者に対する先入観がないからです。何でも躊躇なく聞いてくる。大学では、ユニバーサルデザインの概念だけを理解したまま卒業しているのではないかと思います。

磯部｜知識があるだけでは専門家とは言えません。コミュニケーション能力とか、新しいものを探り出す能力をどけだけもっているかがこれからの専門家に必要とされてくるでしょう。

三星｜ユニバーサルデザインのワークショップで痛感するのは、「一人ひとりの個性と多様性を大切にする」「領域で垣根をつくらない」「違いは弱点ではなくそれを活かして長所にしていく」「最後まであきらめず工夫する」等、現代日本の基本課題そのもの。若い方々には是非ユニバーサルデザインの活動に参加して、個人と個性が尊重される社会づくりを志していただきたいですね。

編集後記（読者へのメッセージ）

"一貫して当事者の立場に根ざし志高く"

「福祉のまちづくり」研究は、まちづくり系の学問を構成する一分野として発展してきました。例えば、土木学会、建築学会、人間工学会等の個別学会の一分野として研究が進められてきましたが、現場における発展とともに、分野別の研究では追いつかなくなってきました。それぞれの分野が相互に連携し、障害者や高齢者等の自立と社会参加を目ざす融合的体系が必要になってきたのです。

その観点から見ると本書で扱った分野は十分と言えないかもしれません。特に「心のバリアフリー」等、ソフト面のアプローチはもっと充実させたかったテーマです。読者の方々は本書の学習後さらに幅広い分野への関心をもたれることを期待したいものです。

福祉のまちづくり、ユニバーサルデザインは一貫して当事者の立場に根ざすことを心がけるものです。目的はあくまで障害者・高齢者当事者の自立と社会参加にあります。研究のための研究になってはいけない。「志」をたてて学ぶ福祉系・まちづくり系・人間工学系の学生諸君、行政・実務の皆さんが本書を越えて新しい福祉社会をつくられんことを願っています。

三星昭宏

"みんなで参加のまちづくり"

福祉のまちづくり、バリアフリー、ユニバーサルデザインのまちづくりの実践は決して難しいものではありません。誰もが参加でき、楽しめる、魅力あるまちづくり活動の1つです。年齢、性別、国籍、職種を問わず誰もが分け隔てなく都市やまちづくりについて自分の意見を述べ合うことができる活動であり、まちや他者の新たな発見につながる活動です。同時に自分が住んでいるまちをさらに「好きになる」きっかけが生まれます。

21世紀は人口減少の時代です。高齢者中心のまちやコミュニティに危惧を抱いていませんか。確かに過疎農山村のような地域では人口に対する高齢者の割合が半数以上になってくるでしょう。しかし、そのような地域社会であっても、住民によるさまざまな生活の知恵により、新たな支え合いが生まれています。高齢者の比率が高いことが問題ではなく、若い世代の元気がなくなることが一番の問題です。一歩勇気を出して、バリアフリー、ユニバーサルデザインの活動に挑戦してみませんか。不安感が達成感に変わるでしょう。

髙橋儀平

"社会的技術としての福祉のまちづくり"

技術は社会のために役立たなければならない。戦争のためでなく平和な社会生活のために利用されるべきです。新技術や新製品は、それを必要とする人びとには大いなる価値をもたらします。しかし、その価値の客観的計測や、多様な人びとの間での価値観の共有化には困難が伴います。高コストをかけた高度な性能・機能が本当に必要かどうかは十分に検討されるべきでしょう。

そのなかで「社会的技術」（人類・社会のためにさまざまな要素技術を組み合わせ・統合し高度化を図るもの）の発展が求められています。福祉のまちづくりはこの典型です。その際に最適な技術と判断するのは技術者ではなく利用者であること，意見が分かれた時には最適解ではなく、各々が歩み寄った妥協策が社会的な最善となりうることに留意すべきです。

さまざまな立場、分野の読者みなさんが、学んだり体得した技術分野の延長として、福祉のまちづくり分野が存在していることを知り、強い関心をもち続けられることを期待しています。

磯部友彦

索　引

【英数】
ADA 法 …………………………………… 17
PDCA ………………………………… 10、71
ICF ……………………………………… 112
ITS ………………………………………… 56
LRT ……………………………………… 102
QOL ……………………………………… 60
4つの障壁 ………………………………… 6

【あ】
青い芝の会 ……………………………… 13
安否確認 ……………………………… 123
医学モデル …………………………… 113
一体的・連続的 ………………………… 91
移動権 …………………………………… 60
移動困難者 ……………………………… 7
移動制約者 ……………………………… 7
移動等円滑化基準 …………………… 23
移動等円滑化基本構想策定 ………… 44
縁端段差 ……………………………… 51
沿道施設 ……………………………… 53
横断勾配 ……………………………… 49
横断線形 ……………………………… 46
オストメイト ………………………… 12
オストメイト用水洗設備 …………… 66

【か】
介護タクシー ………………………… 63
介護保険 ……………………………… 78
介護保険制度 ………………………… 76
改札口 ………………………………… 31
回転シート車 ………………………… 38
ガイドライン ………………………… 44
仮設住宅 …………………………… 124
片流れ ………………………………… 50
可動式ホーム柵 ………………… 29、32
川口に障害者の生きる場をつくる会 … 13
幾何構造 ……………………………… 47
基準 …………………………………… 44
輝度比 ………………………………… 55
グループホーム ……………………… 78
車いす固定装置 ……………………… 39
車いす使用者用トイレ ……………… 66
車いす等対応車 ……………………… 38
クロスセクター・ベネフィット … 107
ケア付き住宅 ………………………… 13
警告ブロック ………………………… 55

継続協議会 …………………………… 101
継続性 ………………………………… 91
継続的に改善 ………………………… 10
減災 ………………………………… 121
建築基準法 …………………………… 25
建築物バリアフリー条例 …………… 20
公共交通移動等円滑化基準 ………… 33
公共交通活性化 ……………………… 62
公共交通機関の移動等円滑化整備ガイドライン … 33
公共交通の衰退 ……………………… 60
公共性 ………………………………… 10
交通管理者 …………………………… 43
交通具 ………………………………… 28
交通権 ………………………………… 60
交通困難者 …………………………… 7
交通主体 ……………………………… 28
交通手段 ……………………………… 28
交通政策基本法 ……………………… 60
交通バリアフリー法 ………………… 16
交通広場 ……………………………… 57
交通路 ………………………………… 28
高齢化 ………………………………… 8
高齢者 ………………………………… 6
高齢者住まい法 ……………………… 76
国際アクセスシンボルマーク ……… 14
国際障害者年 ………………………… 14
国連・障害者の十年 ………………… 7
国連障害者の生活環境問題専門家会議 … 17
心のバリアフリー（BF） ……… 115、117
子育てタクシー ……………………… 64

【さ】
サービス付き高齢者向け住宅 ……… 77
サービスレベル ……………………… 45
災害弱者 …………………………… 121
サスティナビリティ ………………… 91
視覚障害者誘導用ブロック ………… 23
視覚障害者用横断帯 ……………… 118
磁気誘導ループ …………………… 108
市民参加 …………………………… 106
シームレス …………………………… 91
社会モデル ………………………… 113
弱視者 ………………………………… 55
車両乗り入れ部 ……………………… 52
住生活基本法 ………………………… 76
縦断勾配 ……………………………… 49
縦断線形 ……………………………… 46

重点整備地区 …………………………… 21、45
障害者 …………………………………………… 6
障害者差別解消法 ……………………………… 18
障害者自立生活運動 …………………………… 13
障害者対応自家用車 …………………………… 40
障害者ドライバー ……………………………… 40
障害者の運転免許 ……………………………… 40
障害者の権利条約 ……………………………… 18
障害者用駐車場 ………………………………… 69
情報バリア ……………………………………… 94
シルバーハウジング …………………………… 76
身体障害者モデル都市事業 …………………… 15
スパイラルアップ ……………………………… 71
スペシャルトランスポート …………………… 61
スペシャルトランスポートサービス（ST） … 63
生活交通 ………………………………………… 60
生活道路 ………………………………………… 43
世界遺産 ………………………………………… 89
セミフラット …………………………………… 46
全盲者 …………………………………………… 55

【た】
多機能トイレ …………………………………… 66
段差 ……………………………………………… 51
段付き歩道 ……………………………………… 50
地域交通 ………………………………………… 60
地方分権 ………………………………………… 44
長寿社会対応住宅設計指針 …………………… 75
点字ブロック …………………………………… 55
点状・線状ブロック …………………………… 49
透排水舗装 ……………………………………… 48
道路管理者 ……………………………………… 43
道路構造令 ……………………………………… 43
道路交通法 ……………………………………… 43
道路の移動等円滑化整備ガイドライン ……… 44
特定経路 ………………………………………… 45
特定建築物 ……………………………………… 23
特定公園施設 …………………………………… 83
特別特定建築物 ………………………………… 23
都市公園円滑化基準 …………………………… 83

【な】
内部障害者 ……………………………………… 12
波打ち …………………………………………… 50
ノーマライゼーション ……………………… 6、14
ノンステップバス …………………………… 29、36

【は】
パーソントリップ調査 ………………………… 8
ハートビル法 …………………………………… 15

八王子自立ホーム ……………………………… 13
バリアフリー …………………………………… 6
バリアフリー（BF）基本構想 ………………… 21
バリアフリー（BF）体験歩道 ………………… 117
東日本大震災 …………………………………… 90
避難所 …………………………………………… 124
ファシリテーター ……………………………… 109
幅員 ……………………………………………… 46
福祉環境整備要綱 ……………………………… 15
福祉タクシー …………………………………… 64
福祉のまちづくり ……………………………… 6
福祉避難所 ……………………………………… 125
福祉有償運送サービス ………………………… 63
復興住宅 ………………………………………… 124
フラット ………………………………………… 51
プラットホーム ……………………………… 31、32
ブロック舗装 …………………………………… 49
ペディストリアナイゼーション ……………… 44
法定雇用数 ……………………………………… 107
ホーム縁端警告ブロック ……………………… 32
ホームドア …………………………………… 29、32
歩行者系道路 …………………………………… 44
歩行者道路 ……………………………………… 45
歩行者道路ネットワーク ……………………… 44
歩車道境界形状 ………………………………… 46
歩道形式 ………………………………………… 46
歩道の高さ ……………………………………… 50

【ま】
みんなのための公園づくり …………………… 83
モータリゼーション …………………………… 60
モビリティ ……………………………………… 60

【や】
有効幅員 ……………………………………… 46、47
ユニバーサルデザイン（UD）タクシー ……… 38
誘導ブロック …………………………………… 55
ユニバーサル社会 ……………………………… 7
ユニバーサルツーリズム ……………………… 86
ユニバーサルデザイン ……………………… 6、21
ユニバーサルデザイン（UD）の7原則 ……… 70

【ら】
路面舗装 ………………………………………… 46

【わ】
ワークショップ（WS） …………………… 106、108

あとがき

　今ユニバーサルデザインの現場で入門書がなく、多くの人たちから出版が期待されている。本書はとにかく平易で幅広い内容であることをこころがけ、学生には教科書、実務家には手引き書となるものをめざした。何しろまだ若い分野であり、成長期にある分野だけに、記載すべき内容、幅について大方の合意を得られそうな構成を決めがたく、執筆者3人で何度も討論を繰り返しながら本書を作成してきた。

　2000年の交通バリアフリー法によるバリアフリー基本構想づくりは、わが国あげての社会基盤のバリアフリー化第一期ともいうべき怒濤のような時代であった。今また、まちづくりや都市の活性化としっかり結合し、地域の風土や個性を反映し、対象者を拡大した第二期ともいうべき共生のユニバーサルデザインの時代が始まり、政府も新しい取組みに着手している。手探りであった第一期から発展して、考え方、知識、方法、内容においてより高いレベルが必要とされるが、本書がその役にたてれば望外の幸せである。

　本書の作成に当たって、大熊昭氏（国土交通省）、林隆史氏・沼尻恵子氏・藤村万里子氏（一般財団法人国土技術研究センター）、沢田大輔氏・竹島恵子氏（公益財団法人 交通エコロジー・モビリティ財団）他、多数の方々のお世話になった。記して謝意を表する。

　最後に本書の執筆と作成に当たって学芸出版社の井口夏実氏にはひとかたならずお世話になった。本書は井口氏の激励があってはじめてできたと言って過言ではない。改めて感謝の意を表したい。

著者一同

【執筆者】

三星昭宏（みほし あきひろ）　執筆担当：1章1節、3章5節、4(主)・5・9(主)・12章
1945年生まれ。近畿大学名誉教授。専門は交通計画学、土木計画学。1980年頃から関西を中心に福祉のまちづくりに尽力。元日本福祉のまちづくり学会会長

髙橋儀平（たかはし ぎへい）　執筆担当：1章2節、2・6・7・8章
1948年生まれ。東洋大学名誉教授。専門は建築計画、バリアフリー、ユニバーサルデザイン、障害当事者参画論。元日本福祉のまちづくり学会会長

磯部友彦（いそべ ともひこ）　執筆担当：3章1～4節、4(副)・9(副)・10・11章
1955年生まれ。中部大学工学部都市建設工学科教授。専門は土木計画学、地域交通政策、福祉のまちづくり、公共交通計画。前日本福祉のまちづくり学会副会長

建築・交通・まちづくりをつなぐ
共生のユニバーサルデザイン

2014年9月1日　第1版第1刷発行
2024年2月20日　第1版第3刷発行

著　者　三星昭宏・髙橋儀平・磯部友彦
発行者　井口夏実
発行所　株式会社学芸出版社
　　　　京都市下京区木津屋橋通西洞院東入
　　　　〒600-8216　電話 075-343-0811
　　　　http://www.gakugei-pub.jp/
　　　　E-mail info@gakugei-pub.jp

印　刷　創栄図書印刷／製　本　新生製本
装　丁　KOTO DESIGN Inc. 山本剛史
編集協力　村角洋一デザイン事務所

© Akihiro MIHOSHI, Gihei TAKAHASHI, Tomohiko ISOBE 2014
ISBN978-4-7615-3214-7　　Printed in Japan

JCOPY〈(社)出版者著作権管理機構委託出版物〉
本書の無断複写（電子化を含む）は著作権法上での例外を除き禁じられています。複写される場合は、そのつど事前に、(社)出版者著作権管理機構（電話 03-5244-5088、FAX 03-5244-5089、e-mail: info@jcopy.or.jp）の許諾を得てください。
本書を代行業者等の第三者に依頼してスキャンやデジタル化することは、たとえ個人や家庭内での利用でも著作権法違反です。

【好評既刊書】

○ユニバーサルサイン　デザインの手法と実践

田中直人 著
3000円＋税・B5変判144頁

分かりやすい誘導のためには、一つのサインだけが問題なのではなく、人間を取り巻く環境をどのように構成し、そこにどのようなサービスシステムを連動させるのかが重要だ。それこそがユニバーサルサインの基本である。その考え方と、実践のためのガイドライン、病院などの個別施設からニュータウンや市街地まで12事例を示す。

○観光のユニバーサルデザイン　歴史都市と世界遺産のバリアフリー

秋山哲男・松原悟朗・清水政司 他 著
2500円＋税・A5判224頁

観光地内におけるユニバーサルデザインは、どのように達成されるべきなのか。第Ⅰ部では、観光地内に面的な歩行者空間を実現するための方策を、国内外の事例から探る。第Ⅱ部、第Ⅲ部では、自然・文化遺産でのバリアフリーとオーセンティシティとのせめぎあいから、求められるユニバーサルデザインについて実例を基に検証。

○空き家・空きビルの福祉転用　地域資源のコンバージョン

日本建築学会 編
3800円＋税・B5判168頁

既存建物の福祉転用は、省コスト、省資源につながり、新築では得難い便利な立地やなじみ感のある福祉空間が作り出せる。だが実現には福祉と建築の専門家の協働が欠かせない。そこで関係者が共通認識を持てるよう建築や福祉の制度・技術を紹介し、様々な限界をクリアしている先進37事例を、その施設運用の実際と共に掲載した。

○日本の交通バリアフリー　理解から実践へ

社団法人土木学会 土木計画学研究委員会 他 編
3500円＋税・B5判176頁

バリアフリー新法の制定に伴い、円滑に移動できるために改善が必要となる施設等はますます広がっている。本書では、これまでのグッドプラクティスを、多数の図と写真によりビジュアルでわかりやすくまとめた。様々な課題をどう克服し整備を進めたか。基本構想から工事に至るまでを網羅。改善の現場で役立つ、実務者必携の書。

○福祉のまちづくりキーワード事典　ユニバーサル社会の環境デザイン

田中直人 編著
3500円＋税・B5変判192頁

今後ますます少子化・高齢化する社会に対応していくためには、専門家や行政は建築・福祉・医療の各分野の垣根を越えた知識を獲得し、それらを実践してゆくことが求められる。本書では、それらの分野の関連キーワードを整理し直し、人・空間・しくみなどテーマ別に分類し、見開き完結のスタイルでわかりやすく解説している。

○コミュニティデザイン　人がつながるしくみをつくる

山崎 亮 著
1800円＋税・四六判256頁

当初は公園など公共空間のデザインに関わっていた著者が、新しくモノを作るよりも「使われ方」を考えることの大切さに気づき、使う人達のつながり＝コミュニティのデザインを切り拓き始めた。公園で、デパートで、離島地域で、全国を駆け巡り社会の課題を解決する、しくみづくりの達人が、その仕事の全貌を初めて書き下ろす。